Isaac Asimov:
El universo (II)
De la tierra plana a los quásars

BIBLIOTECA
FUNDAMENTAL
DE NUESTRO
TIEMPO

ALIANZA EDITORIAL

CLUB INTERNACIONAL DEL LIBRO
S. A. DE PROMOCION Y EDICIONES

Título original: *The Universe. From Flat Earth to Quasar*
Traductor: Miguel Paredes Larrucea

Primera edición en «El Libro de Bolsillo»: 1973
Segunda edición en «El Libro de Bolsillo»: 1975
Tercera edición en «El Libro de Bolsillo»: 1977
Cuarta edición en «El Libro de Bolsillo»: 1978
Quinta edición en «El Libro de Bolsillo»: 1979
Sexta edición en «El Libro de Bolsillo»: 1980
Séptima edición en «El Libro de Bolsillo»: 1981
Octava edición en «El Libro de Bolsillo»: 1982
Novena edición en «El Libro de Bolsillo»: 1983
Décima edición en «Biblioteca Fundamental de Nuestro Tiempo»: 1984

Calle Milán, 38; ☎ 200 00 45
Distribuidor exclusivo de la colección «Biblioteca Fundamental de Nuestro Tiempo»:
Club Internacional del Libro
S. A. de Promoción y Ediciones
C/ Marqués de Monteagudo, 18
ISBN: 84-206-9200-X (Obra completa)
ISBN: 84-206-9205-0 (Tomo II)
Depósito legal: M. 22.981-1984
Impreso en: GREFOL, S. A.,
Pol. II - la Fuensanta
Móstoles (Madrid)
Encuadernado por: Larmor, S. A.
Printed in Spain.

11. Explosiones estelares

Enanas blancas

Los conocimientos acerca de las estrellas calientes pero tenues tuvieron su origen en el descubrimiento —debido a Bessel— de la compañera oscura de Sirio en el año 1844 (véase pág. 58). Sirio y su compañera se movían alrededor del centro de gravedad mutuo en órbitas elípticas, con un período de rotación de cincuenta años. Sirio se denomina a veces «Sirio A», en atención a su existencia como parte de un sistema binario, mientras que su compañera, de tamaño más pequeño, recibe el nombre de «Sirio B».

Cualquier objeto capaz de impulsar y mantener a una estrella como Sirio en una órbita suficientemente grande para ser visible desde la Tierra tiene por fuerza que producir un campo gravitatorio «digno de una estrella». En efecto, se calculó que la compañera de Sirio debía tener una masa equivalente a la mitad de la de Sirio A y que, por consiguiente, tenía que ser tan masiva como el Sol. Sin embargo, era imposible observar a Sirio B, lo cual indujo a Bessel a suponer que se trataba simplemente de los rescoldos extintos de una estrella.

En ese mismo año Bessel registró la existencia de una compañera oscura en el caso de Procyon, con lo cual se podía hablar de «Procyon A» y «Procyon B». Parecía muy probable que este tipo de estrellas tenues fueran muy comunes. Se pensó que lo único que impedía observarlas directamente era su falta de luz y que sólo podían detectarse cuando formaban parte de un sistema múltiple de estrellas, de suerte que sus campos gravitatorios fuesen capaces de alterar el movimiento de una estrella visible hasta el punto de que nosotros, desde la Tierra, pudiésemos distinguir los resultados de estas variaciones.

Esta hipótesis tuvo gran aceptación, y en el año 1851 el astrónomo alemán Christian August Friedrich Peters (1806-1880) calculó la órbita que el compañero invisible de Sirio debía tener a juzgar por los datos relativos a las ondas que Sirio A describía en su movimiento.

Pero precisemos: al final se comprobó que ninguna de las dos estrellas compañeras era del todo oscura. En 1862 Clark catalogó a Sirio B como una estrella de magnitud 7,1. No es una tenuidad insólita, desde luego, pero hay que tener en cuenta que el sistema estelar de Sirio sólo se halla a 8,8 años-luz de distancia. Para encontrarse a esta distancia y exhibir, sin embargo, un brillo tan tenue, Sirio B debía tener una luminosidad equivalente, como máximo, a una centésima de la del Sol. En 1895 el astrónomo germano-americano John Martin Schaeberle (1853-1924) consiguió detectar Procyon B, que resultó ser de undécima magnitud. Aun teniendo en cuenta que esta estrella se hallaba un poco más lejos de nosotros que Sirio B, se demostró en seguida que Procyon B era todavía más tenue que aquélla. Tales estrellas quizá no fuesen completamente oscuras, pero no cabía duda de que eran estrellas enanas.

Hacia finales de siglo se daba ya por sentado que los objetos sidéreos del tipo de Sirio B y Procyon B eran estrellas moribundas cuya tenuidad se debía principalmente a que el fuego estelar se estaba extinguiendo. Cabía suponer que tales estrellas encajaban limpiamente entre las enanas rojas, en la cola de la secuencia principal.

Sin embargo, incluso antes de que se terminara de confeccionar el diagrama H-R se vio claro que Sirio B, por ejemplo, no encajaría en ese lugar concreto. Para ocupar un puesto en la cola de la secuencia principal, la estrella tenía que ser muy fría y, por consiguiente, de un color rojo oscuro. Pero Sirio B, lejos de tener un color rojo, brillaba con una luz perfectamente blanca. De ser una enana, tenía que ser una «enana blanca».

En 1914 el astrónomo americano Walter Sydney Adams (1876-1956) logró registrar el espectro de Sirio B y halló que se trataba de una estrella de la clase espectral A, igual que Sirio A. Esto significaba que Sirio B poseía una temperatura superficial tan alta como la de Sirio A (10.000°C) y mucho más elevada que esos 6.000°C del Sol.

Ahora bien, si Sirio B era más caliente que el Sol, debería tener también una superficie más brillante, suponiendo en ambos casos el mismo número de kilómetros cuadrados. El hecho de que Sirio B poseyera una luminosidad tan inferior a la del Sol sólo podía significar que la superficie de aquél era muy poco extensa. Se trataba de una estrella caliente al blanco, pero muy pequeña: precisamente el tipo de estrella que esperaríamos encontrar en esa región inferior izquierda del diagrama H-R a que aludimos al final del capítulo anterior.

En cuanto al tamaño no cabía, en efecto, ninguna duda de que tenía que ser *muy* pequeño. Para explicar el escaso brillo de Sirio B no quedaba más remedio que asignar a esta estrella un diámetro de 27.300 km., como mucho, con lo cual no superaría en tamaño al planeta Urano. Se trataba, evidentemente, de una enana blanca.

Pues bien, aun en estas condiciones, Sirio B tenía que tener una masa equivalente a la del Sol, conclusión a que se llegó a partir del efecto gravitatorio de Sirio B sobre Sirio A y contra la cual no se podía argumentar. El hecho de que una estrella fuese tan pequeña como Urano y al mismo tiempo tan masiva como el Sol planteaba problemas muy serios en cuanto a su densidad; problemas que en el siglo XIX habrían suscitado dificultades insuperables, pero que en el XX, como se comprobó más tarde, sí tenían solución.

En realidad, el problema de las densidades estelares surgió no sólo en conexión con estrellas poco usuales como Sirio B, sino también en relación con el propio Sol.

Una vez que se logró conocer la distancia del Sol resultó muy fácil calcular su diámetro real, y por tanto su volumen, a partir del diámetro aparente. El volumen solar resultó ser 1.300.000 veces superior al de la Tierra, y su masa, calculada a través del efecto gravitatorio que el Sol ejerce sobre nuestro planeta, 333.500 veces superior a la masa terrestre.

La densidad se determina dividiendo la masa de un objeto por su volumen. Así pues, la densidad del Sol debería ser 333.500 : 1.300.000, o bien algo más de un cuarto de la densidad de la Tierra. Puesto que la densidad de la Tierra es 5,5 gramos por centímetro cúbico, la del Sol será de 1,41 gramos por centímetro cúbico.

La densidad del agua es de 1,00 gramos por centímetro cúbico, con lo cual la densidad del Sol es 1,41 veces la del agua. Por otra parte, esta cifra representa un promedio global. No cabe duda que las capas exteriores del Sol tienen que ser mucho menos densas que esa cifra, mientras que, en compensación, la densidad del núcleo interior (que soporta la inmensa presión de las capas externas) debe superar con mucho la cifra de 1,41.

La Tierra misma ofrece una analogía en este aspecto. La densidad global de nuestro planeta es, como ya hemos dicho, de 5,5 gramos por centímetro cúbico; pero mientras la corteza exterior rocosa tiene una densidad de sólo 2,6 gramos por centímetro cúbico, en el centro de la Tierra esa cifra llega a ser de 11,5.

Las diferencias de densidad son mucho mayores en el caso del Sol que en el de la Tierra, y ello se debe a que las presiones son bastante más grandes en el centro del gigantesco Sol que en el centro de nuestro planeta, de tamaño relativamente pequeño.

Cuando Eddington comenzó a explorar la estructura interna del Sol y de otras estrellas se comprobó que las cifras correspondientes a las densidades centrales eran de una magnitud insólita. Los cálculos muestran que para que el Sol mantenga el equilibrio gravedad-temperatura, la densidad en el núcleo central tiene que alcanzar una cifra tan alta como 100 gramos por centímetro cúbico: cinco veces más denso que el platino (o que sus elementos hermanos, el iridio y el osmio), que son las sustancias más densas que se conocen en la Tierra.

Además, aunque aquellas estrellas que superan al Sol en tamaño y en temperatura son menos densas que éste, y algunas gigantes como Epsilon Aurigae llegan incluso a niveles de rarificación muy altos, no es menos cierto que aquellas otras que poseen un tamaño y una luminosidad menores que el Sol poseen una densidad mayor que la de éste. Una enana roja como la estrella conocida con el nombre de Krüger 60B, tiene una masa equivalente a un quinto la del Sol, pero su volumen es de sólo 1/125 el del Sol, con lo cual la densidad de la enana viene a ser de 1/5 : 1/125 o veinticinco veces superior a la de aquél. Su densidad media tiene que ser, por tanto, de 35 gramos por centímetro cúbico, o vez y media más densa que el platino; su densidad central debe ser cientos de veces superior a la de este elemento.

No es extraño que en las primeras décadas del siglo xx —cuando aún no se conocían estas cifras con exactitud pero se esperaba que fuesen muy altas— los astrónomos admitieran la hipótesis de que el gas contenido en el interior estelar se encontraba comprimido hasta tal punto que dejaba de actuar como tal. Las teorías concernientes a las energías y evoluciones estelares se basaban en la hipótesis de un núcleo central no gaseoso. Sin embargo, todas ellas resultaron ser falsas.

El trabajo realizado por Eddington a lo largo de la década de 1920-29 demostró que todas las estrellas, incluidas las enanas rojas, se comportaban, a pesar de su densidad, como si fuesen perfectamente gaseosas en su totalidad, pues aquéllas obedecían la relación masa-luminosidad y ésta había sido postulada sobre la base de que las estrellas eran por entero gaseosas.

¿Pero cómo es posible que una sustancia tan densa se comporte de modo parecido a un gas enrarecido? Es más, ¿cómo pueden siquiera existir sustancias de densidad tan alta? Si los átomos fueran pequeñas bolas de billar, irrompibles e incompresibles, como creían los químicos del siglo XIX, tales densidades serían sencillamente imposibles. En los sólidos ordinarios de nuestro planeta, los átomos se encuentran ya en contacto mutuo, y la densidad de los metales de la familia del platino representaría casi el máximo posible.

Mas a partir de la década de 1890-1899 todas las nociones relativas a la estructura atómica experimentaron una revolución radical. Cada vez se vio más claro que los átomos no eran pequeñas bolas de billar, sino estructuras complejas constituidas por «partículas subatómicas» que, por separado, eran mucho más diminutas que el átomo intacto. Mientras que el átomo en su totalidad tenía un diámetro del orden de una cienmillonésima de centímetro, el diámetro de las partículas subatómicas ascendía a algo así como una diezbillonésima de centímetro. Expresemos esto mismo de un modo más palpable: la partícula subatómica tenía un tamaño equivalente a sólo 1/100.000 de las dimensiones del átomo intacto, y harían falta 100.000 partículas subatómicas colocadas una al lado de otra para cubrir el diámetro de un solo átomo.

El volumen de un átomo era 100.000 × 100.000 × 100.000 ó 1.000.000.000.000.000 de veces superior al de una partícula subatómica. Toda vez que incluso el átomo más complejo contiene poco más de 300 partículas subatómicas, resulta evidente que el átomo intacto es en su mayor parte espacio vacío, y su estructura (la del átomo) se mantiene gracias a las fuerzas electromagnéticas; estas fuerzas son también las responsables del movimiento de los electrones en amplias órbitas alrededor del diminuto núcleo atómico situado en el centro del átomo. Si fuese posible descomponer un átomo en sus diversas partículas subatómicas y comprimirlo, el sistema total ocuparía un volumen insignificante comparado con el volumen original. (A título de analogía, pensemos primero en la cantidad de espacio que haría falta para almacenar una docena de cajas de sombrero e imaginemos luego que rompemos las cajas en trozos muy pequeños de cartón; el espacio que ocuparían sería mucho menor. Pues bien, el caso del átomo es más drástico aún.)

A altas temperaturas el átomo se ve desprovisto de sus partículas más externas, los electrones; si la temperatura alcanza valores suficientemente elevados (como de hecho ocurre en el centro de las estrellas), el átomo pierde todos sus electrones, quedando únicamente el núcleo atómico desnudo. Bajo las tremendas presiones que reinan en el interior de una estrella, los electrones y núcleos se pueden comprimir en un volumen mucho más reducido que el que habrían ocupado los átomos intactos. Y a medida que este volumen decrece, la densidad aumenta de un modo correspondiente hasta superar con mucho la del platino.

Este tipo de materia compuesta por partículas subatómicas trituradas y comprimidas se denomina por lo común «materia degenerada». No cabe duda que en el interior del Sol, y en general de todas las estrellas, existe un núcleo de materia degenerada. Teoría perfectamente razonable, por otra parte, pues en un átomo intacto los electrones externos escudan por completo al núcleo atómico, impidiendo que éste choque con otros y se combinen entre sí; por el contrario, cuando el átomo se ve desprovisto de los electrones el proceso de fusión nuclear se puede desarrollar a una velocidad suficiente para mantener la radiación estelar.

Ahora bien, aunque la materia degenerada se halla estrujada a densidades descomunales, las partículas subatómicas individuales que la componen son tan pequeñas que dicha materia sigue consistiendo, en su mayor parte, en espacio vacío. En efecto, la materia degenerada, compuesta como está de partículas subatómicas aisladas, contiene casi tanto espacio vacío como los gases ordinarios, mucho menos densos y compuestos de átomos intactos de volumen bastante mayor. Por esta razón, la materia degenerada puede alcanzar densidades insólitas y seguir actuando como un gas.

Pero incluso las densidades de las enanas rojas se quedan en nada comparadas con las de las enanas blancas. Sirio B, que posee el volumen de Urano y la masa del Sol, debe de tener una densidad aproximadamente 125.000 veces superior a la de éste y unas 8.000 veces la del platino. Un centímetro cúbico del material de Sirio B pesaría por término medio 200 kg. Las regiones centrales de Sirio B tienen que ser mucho más densas que este valor medio, de por sí ya muy alto. Y sin embargo, Sirio B parece comportarse como si fuese gaseoso en su totalidad.

Es evidente que Sirio B tiene que estar compuesto casi exclusivamente de materia degenerada; conclusión difícil de aceptar incluso en los años veinte de nuestro siglo, pero que no tardó en recibir el apoyo de pruebas que la confirmaron plenamente. Einstein había elaborado en 1915 su teoría general de la relatividad, la cual predecía, entre otras cosas, que la luz experimenta una desviación hacia el rojo al propagarse en contra de la fuerza gravitatoria. De acuerdo con su teoría, los campos gravitatorios ordinarios producirían una desviación al rojo demasiado pequeña para ser detectable. Cuando Einstein presentó su teoría no podía imaginar que existiese un campo de tal intensidad.

Eddington señaló que si Sirio B era efectivamente tan denso como parecía, su gravedad superficial debía equivaler a 2.500 veces la del Sol. En tales condiciones, el «desvío de Einstein» sería mensurable. En 1925 W. S. Adams examinó con un cuidado exquisito el espectro de Sirio B, midió la posición de las diversas líneas espectrales después de eliminar el efecto producido por el movimiento radial de la estrella y, en efecto, comprobó la presencia del desvío de Einstein. Fue éste un tanto muy importante a favor de la validez de la teoría general de la relatividad y un punto no menos decisivo a favor de la superdensidad de Sirio B.

Sirio B no es ni mucho menos un ejemplar único. Aparte de ella se conocen otras enanas blancas superdensas. Procyon B es una de ellas, naturalmente, y su masa equivale a 0,65 veces la del Sol. De esta clase de objetos se han descubierto unos 250, muchos de ellos por el astrónomo holandés-americano Willem Jacob Luyten (n. 1899). En 1962 descubrió uno cuyo diámetro era sólo la mitad del de la Luna; se trata del más pequeño de los que se conocen. En 1966 el astrónomo suizo-americano Fritz Zwicky (n. 1898) detectó una binaria compuesta de dos enanas blancas.

Doscientas cincuenta enanas blancas no parece ser un número demasiado impresionante comparado con los miles de millones de estrellas ordinarias que existen en los cielos. Pero recordemos que al ser tan pequeñas y tenues sólo son visibles cuando se encuentran muy próximas a nosotros, mientras que las estrellas ordinarias son capaces de hacer llegar su luz desde distancias inmensas. El hecho de que a pesar del obstáculo que supone la escasez de brillo se hayan encontrado tantas enanas blancas indica en realidad que se debe tratar de una clase de objetos muy común. Algunos astrónomos han llegado incluso a estimar que las enanas blancas constituyen el 3% de todas las estrellas de la Galaxia, lo que significaría un total de unos tres mil millones de enanas blancas en la Galaxia.

Volviendo a la cuestión planteada al final del capítulo anterior, nos preguntamos: ¿es hacia el estadio de enanas blancas a donde se dirigen las estrellas cuyo combustible nuclear se ha agotado, a medida que se aproximan a la región inferior izquierda del diagrama H-R? Aparentemente sí, pero no siempre mediante una transición suave y pacífica.

Supernovas

A la luz de las nuevas concepciones nucleares de las estrellas sería tentador interpretar las novas (véase página 124) como una especie de Cefeidas descarriadas, por decirlo así. Mientras que la Cefeida ordinaria pulsa de una manera ordenada y controlada, inflándose y deshinchándose a intervalos regulares, las novas son estrellas que tras un período prolongado de quietud desarrollan de pronto, por alguna razón concreta, una presión excepcional hacia afuera y —literalmente— explotan. (Algunos astrónomos sugieren que las novas quizá forman siempre parte de sistemas binarios muy ligados, siendo la influencia de la estrella vecina la que suministra la inestabilidad necesaria.)

La luminosidad de una nova aumenta rápidamente de 5.000 a 100.000 veces a medida que crece el área de su superficie, debido en especial a que la estrella está experimentando una oleada fugitiva de radiación que impide que aquélla se enfríe conforme se expande. En su punto culminante la nova alcanza una magnitud absoluta de —8, y en ese momento su brillo es 200.000 veces superior al del Sol.

Este brillo máximo sólo dura unos cuantos días. La fuerza de la explosión lanza al espacio cierta porción de la materia estelar, y con ella se pierde gran parte de la energía. Lo que queda de estrella experimenta luego un colapso —algo así como si fuese un globo pinchado— y el astro se apaga. Al cabo de varios meses la estrella adquiere de nuevo el brillo que tenía en su estado «prenova», siguiendo después una vida como la que llevaba hasta entonces.

A escala terrestre, tales explosiones tienen categoría de catástrofes. Si el Sol experimentara uno de estos cataclismos, los océanos de la Tierra comenzarían a hervir y desaparecería todo signo de vida de la faz del planeta. A escala estelar, las explosiones de las novas no pasan de un nivel discreto. El brillo máximo es alto, pero incluso en su punto culminante una nova no llega al brillo que S Doradus posee normalmente. En cuanto al material que se pierde en el curso de la explosión de una nova, no representa más que 1/100.000 de la masa de la estrella: cantidad demasiado exigua para ser importante.

Tras cierto período de quietud, una nova puede perfectamente experimentar una nueva explosión, a intervalos que oscilan entre 10 y 100 años. Nova Persei, que explotó en 1901 (véase pág. 127), se abrillantó de nuevo en 1966. Existe un caso, el de la estrella T Pyxidis, en el que se han observado cuatro máximos de brillo tipo nova desde 1890, así como un quinto en 1966. Sea cual fuere la propiedad que da lugar a estos picos de brillo, lo cierto es que las líneas de absorción del espectro de la estrella exhiben un fuerte desvío al violeta, lo cual indica que la estrella, o al menos parte de ella, se está aproximando hacia nosotros; la capa exterior que explota se aleja rápidamente del astro, y la porción que queda entre éste y nosotros se desplaza hacia la Tierra velozmente.

En algunos casos la explosión, o sus consecuencias, llega incluso a hacerse ópticamente visible. Después de que Nova Aquilae hiciera su aparición en 1918, E. E. Barnard constató que estaba rodeada por una esfera nebulosa que no había estado allí con anterioridad. Esta esfera, compuesta probablemente de gases en explosión, siguió moviéndose hacia afuera a una velocidad uniforme, haciéndose cada vez más voluminosa y más tenue hasta que en 1941 era ya demasiado débil para poder detectarla. Otras novas exhiben fenómenos similares.

Por desgracia, los astrónomos no han llegado todavía a una explicación, aceptada con carácter general, de las explosiones tipo nova. Una de las hipótesis lanzadas recientemente es que las novas sólo se dan entre estrellas que forman parte de un sistema binario muy junto y que es la interacción entre ambas estrellas lo que en un momento dado provoca la nova. Es posible.

Sin embargo, no todas las estrellas en explosión son simplemente novas. Esta conclusión empezó a ser evidente hacia mediados de la década de 1920-29, cuando se logró apreciar por primera vez la enorme distancia que nos separa de la galaxia de Andrómeda. Si se aceptaba dicha distancia, ¿qué decir entonces acerca de la nova S Andromedae que había aparecido allí en 1885? (véase pág. 127).

Cuando S Andromedae fue detectada por primera vez, era una estrella de séptima magnitud, pero es posible que en ese momento ya se hubiese disparado rápidamente hacia el máximo de brillo rebasándolo ligeramente; es decir, cabe que cierto tiempo antes de que fuese detectada, la estrella hubiera sido observable a simple vista con un brillo algo superior a la sexta magnitud.

Claro está que aun así seguiría siendo una estrella tenue y apenas visible; pero el mero hecho de ser observable a simple vista a una distancia como la de la galaxia de Andrómeda indica un brillo tan descomunal que dejaría anonadado incluso al astrónomo más curtido. En su período de auge S Andromedae hacía palidecer al resto de la galaxia. Una sola estrella ganaba en brillo a miles de millones de estrellas ordinarias juntas.

Las estimaciones modernas, basadas en los valores más recientes para la distancia de la galaxia de Andrómeda, indican que la magnitud absoluta de S Andromedae en su apogeo fue de —19. Esto significa que, al menos durante el lapso de algunos días, el astro resplandeció con un brillo equivalente al de cien mil novas ordinarias, o diez mil millones de veces el del Sol.

S Andromedae no era simplemente una nova; era una «supernova».

Una vez constatado este extremo, se inició la búsqueda de otros ejemplares de esta nueva y espectacular clase de objetos. Mientras que las novas ordinarias no son observables mucho más allá de las galaxias más cercanas, las supernovas, cuyo brillo es equiparable al de una galaxia entera, pueden detectarse naturalmente a las distancias a que se pueden detectar las galaxias; es decir, hasta donde alcanzan nuestros telescopios.

En la búsqueda de estas supernovas de brillo semejante al de una galaxia ha destacado Fritz Zwicky, quien en los años 1936 y siguientes localizó una serie de ellas en diversas galaxias. El número de las que se han observado asciende en total a unas cincuenta. Zwicky estima que mientras las novas ordinarias surgen a un ritmo de veinticinco por año en una galaxia dada, las supernovas sólo lo hacen a una tasa de tres por cada milenio dentro de una galaxia concreta.

Hacia finales de la década de 1930-39, las observaciones efectuadas por los astrónomos germano-americanos Walter Baade (1893-1960) y Rudolf Leo B. Minkowski (n. 1895) demostraron que las supernovas podían dividirse en dos variedades, Tipos I y II, a las cuales quizá cupiese añadir también un Tipo III. Las supernovas del Tipo II son las menos luminosas —sólo varios cientos de veces más brillantes que las novas ordinarias— y probablemente las más numerosas; el hecho de que no se observe un número mayor de ejemplares de este tipo se debe simplemente a su menor luminosidad. Las supernovas del Tipo III son similares a las del Tipo II, pero poseen una curva de luz que se desvanece de un modo más gradual. Las del Tipo I son las auténticas gigantes de su clase. S Andromedae fue una supernova del Tipo I, lo mismo que la del año 1054 que dio origen a la nebulosa del Cangrejo.

Es evidente que las supernovas, al igual que las novas ordinarias, deben su aumento de brillo a una explosión. Dado que las primeras alcanzan picos de brillo más altos que las segundas y sostienen este nivel superior de luminosidad durante más tiempo, las explosiones de las supernovas tienen que ser de un carácter mucho más catastrófico. Se estima que mientras las novas ordinarias pierden 1/100.000 de su masa en la explosión, las supernovas del Tipo II pierden de 1/100 a 1/10 de su masa y las gigantes del Tipo I entre 1/10 y 9/10.

Desde los días de la invención del telescopio se ha estudiado toda una serie de novas dentro de nuestra Galaxia, pero aun así no se ha detectado en ella ni un solo objeto que pueda ser catalogado claramente como una supernova en los tres siglos y medio que han transcurrido desde que Galileo enfocó por primera vez su tubo de aumento hacia el firmamento.

Sin embargo, si escudriñamos la historia pasada parece ser que en el curso de los últimos mil años han aparecido tres supernovas en nuestra Galaxia (cifra que concuerda exactamente con la estimación de Zwicky). Fueron las «nuevas estrellas» de 1054, 1572 y 1604 (véase pág. 126). Existen también indicios (producto de investigaciones minuciosas llevadas a cabo sobre ciertos documentos orientales y publicadas en 1966) de que en el año 1006 posiblemente se encendió una cuarta supernova.

De todas ellas, la primera fue objeto de una observación sumamente deficiente, pero ha sido también la que ha resultado, con diferencia, de más interés. Se trata quizá de una de las supernovas más brillantes que jamás se hayan formado y posiblemente la más próxima de las que han aparecido en los tiempos históricos. Además es un ejemplar único entre las supernovas debido a que ha dejado tras sí un residuo que a través de cualquier telescopio rudimentario parece una mancha nubosa.

El astrónomo inglés John Bevis (1693-1771) informó de su existencia en 1731, y en 1758 Messier observó la mancha en la constelación de Tauro, incluyéndola en su lista. Y como fue el primer objeto catalogado en dicha lista, a veces recibe el nombre de M1.

En 1844 (ochenta años más tarde) Lord Rosse observó la mancha con mayor detenimiento valiéndose de su gran telescopio y consiguió discernir su estructura. Se trataba de algo que no tenía paralelo en el firmamento: una masa de gas claramente turbulento con numerosos filamentos de luz en su interior. Estos filamentos deshilachados se le antojaban a Rosse como las patas de un cangrejo, por lo cual bautizó al objeto con el nombre de «nebulosa del Cangrejo», nombre que se sigue utilizando hoy día.

La nebulosa del Cangrejo tiene a todas luces el aspecto de una inmensa explosión sorprendida en medio del proceso de expansión. No hace falta mucha imaginación para verlo; es una conclusión que se impone por sí sola en la mente de cualquier observador. El hecho de que se halle situada muy cerca del lugar donde los astrónomos chinos localizaron la supernova de 1054 pedía a gritos considerar la nebulosa del Cangrejo como los residuos de esa explosión; hacia mediados de la década de 1920-29, cuando los astrónomos descubrieron que tales supernovas existían, nadie dudó en aceptar dicha hipótesis.

En 1921 J. C. Duncan señaló que las fotografías que se habían tomado de la nebulosa del Cangrejo a lo largo de la última generación, más o menos, demostraban que los gases turbulentos se movían hacia el exterior a razón de una fracción diminuta de segundo de arco por año, cantidad que, no obstante su pequeñez, era mensurable. Las medidas espectroscópicas indican asimismo que las porciones de gas que se encuentran del lado de nuestro planeta se aproximan hacia nosotros a una velocidad de 1.300 kilómetros por segundo. Si la nebulosa del Cangrejo es efectivamente un volumen de gas en explosión, dicho gas debería moverse hacia el exterior en todas direcciones y con velocidades más o menos iguales. Por consiguiente, es lícito equiparar la velocidad radial en kilómetros por segundo a la velocidad transversal en segundos de arco por año. Calculando la distancia a la cual una velocidad tal se traduce en tantos segundos de arco por año, resulta que la nebulosa del Cangrejo se halla a unos 4.500 años-luz de nosotros y que la capa de gases en explosión tiene en la actualidad un diámetro máximo de unos 6 años-luz.

Si a partir de la velocidad de expansión de los gases hacemos un cálculo hacia atrás, llegamos a la conclusión de que el gas se encontraba en su punto inicial (en el centro) hace 900 años aproximadamente, cifra que concuerda exactamente con lo que cabría esperar en el supuesto de que la nebulosa del Cangrejo fuese efectivamente la explosión supernova de 1054. Hacia 1942 no parecía existir ya ninguna duda acerca de esta cuestión, y ello gracias en gran parte a la labor concienzuda de Oort.

Indicios tan patentes como los del caso anterior faltan

en cambio por completo en relación con la supernova de Tycho de 1572 o con la de Kepler de 1604 (esta última quizá sea sólo una supernova del Tipo II), aunque en 1966 se identificaron a unos 11.400 años-luz de la Tierra (tres veces la distancia de la nebulosa del Cangrejo) ciertas briznas muy difusas de gas que pudieran ser residuos de la supernova de Tycho. Por otra parte, existe una clase de objetos astronómicos que quizá sean los restos de supernovas que brillaron en los cielos de nuestro planeta antes de los albores de la historia escrita e incluso antes de la aparición del hombre.

Se trata de las llamadas nebulosas planetarias: estrellas rodeadas de extensas nebulosas gaseosas y esféricas. Dado que es precisamente en los bordes donde nuestra vista tiene que atravesar un espesor máximo de este halo gaseoso, la nebulosa resulta muy visible en esta región; tal es el caso de la nebulosa del Anillo en la constelación de Lira. Estos anillos de gas recuerdan en cierto modo a la imagen de Laplace, en la cual una nebulosa en rotación expelía anillos de gas que en cierto momento posterior (siempre según la concepción laplaciana) se condensaban en planetas; de ahí el nombre de «nebulosas planetarias». La nebulosa del Velo en Cygnus está constituida al parecer por fragmentos rotos de un anillo que se hubiese expandido hasta un tamaño relativamente enorme. Quizá se trate de los residuos de una explosión del tipo supernova acaecida hace 100.000 años o más.

Hoy día se conocen más de mil nebulosas planetarias, y es posible que en total existan unas cincuenta mil en la Galaxia. La más próxima es NGC 7293, cuya distancia es suficientemente pequeña para que su paralaje sea mensurable. Se halla a unos 85 años-luz de nosotros y el diámetro del anillo de gas equivale aproximadamente a 1/3 de año-luz. Las hipótesis acerca de la naturaleza y causa de estos anillos gaseosos son varias; lo menos que se puede decir es que es posible que algunos de ellos, cuando no todos, representen el material expelido hace muchos miles de años en el curso de una explosión tipo nova o supernova de la estrella central.

Estrellas moribundas

Los dos tipos de objetos que hemos visto en lo que va de capítulo —enanas blancas y supernovas— parecen estar íntimamente relacionados.

Para ver de qué tipo es esta relación, permítasenos volver a aquellas estrellas que se encuentran en el estadio final del consumo de combustible nuclear, es decir, las estrellas que han ido acumulando hierro en su núcleo interior y que, por así decirlo, ya no tienen adonde ir en el terreno de las reacciones nucleares.

Para que una estrella que se halla en este trance pueda seguir radiando tendrá que recurrir a la única fuente de energía que le queda: el campo gravitatorio. Una vez más se verá obligada a contraerse, igual que lo hizo en aquellos días lejanos, antes de la ignición de las reacciones nucleares en su núcleo más íntimo. La única diferencia es que ahora que la estrella está radiando energía a un ritmo brutal, la contracción tiene que ser sobremanera rápida para suministrar suficiente energía.

Cuando los astrónomos llegaron a comprender la naturaleza de la materia degenerada, comprobaron también que esta contracción podía ser excesivamente rápida y que lo que antes había sido una estrella ordinaria podía convertirse en un abrir y cerrar de ojos en una enana blanca minúscula. El calor de la compresión la calentaría «al blanco», pero, dada su pequeña superficie, la energía radiada sería, en términos generales, mucho más exigua después de la contracción que antes. Por otra parte, la cantidad de energía que la estrella radiaría en su nuevo *status* de enana blanca sería tan pequeña que a partir de entonces bastaría un ritmo de compresión lentísimo para proporcionar dicha energía durante evos enteros. El proceso que Helmholtz estimó válido para todas las estrellas en general resultó ser de hecho aplicable a las enanas blancas.

Ahora bien, la enorme densidad de las enanas blancas no les priva a éstas de la posibilidad de seguir comprimiéndose. Todo lo contrario: la estrella tiene aún mucho terreno por delante en este sentido. Sirio B tendrá posiblemente una densidad 125.000 veces superior a la del Sol, pero las partículas subatómicas que pululan en el seno de su estructura degenerada (en gran parte) no se encuentran, ni mucho menos, en contacto mutuo. Para que esto fuese cierto, Sirio B debería contraerse hasta un diámetro de sólo unos trece (!) kilómetros.

A medida que una enana blanca se contrae, experimenta un proceso de enfriamiento. Su temperatura superficial puede llegar a ser de 50.000° C. en el momento de formación, si bien Sirio B, con sus 10.000° C. de temperatura superficial, es todavía una enana blanca bastante joven cuya luminosidad se halla muy cerca de 1/100 la del Sol, cifra que quizá constituya el máximo para este tipo de estrellas. Las enanas blancas más viejas son también más frías, y una de ellas, llamada «van Maanen 2», que lleva ya como mínimo 4 evos en el estado de enana blanca, posee una temperatura superficial de sólo 4.000° centígrados. Su color es marcadamente rojizo y ello da lugar a esa aparente contradicción de tener que llamarla una «enana blanca roja». Pero incluso van Maanen 2 puede prolongar su existencia durante muchos, muchos evos, administrando con parsimonia su reserva gravitatoria de energía, antes de que se extinga. Tan longeva es la vida de una enana blanca que muy bien pudiera ser que la Galaxia no fuese suficientemente vieja para haber presenciado el ocaso de una sola estrella de esta clase.

Pero si las enanas blancas son estrellas moribundas, entonces el sistema de Sirio plantea un interesante problema. Sirio A y Sirio B tienen que haberse formado al mismo tiempo, y sin embargo Sirio A se encuentra en plena juventud mientras que Sirio B tiene una edad muy avanzada. ¿Cuáles son las razones que explican este hecho?

Si ambas poseen la misma edad cronológica, la única posibilidad que cabe es que Sirio B haya vivido de un modo más rápido que Sirio A, lo cual implicaría, en virtud de la relación masa-luminosidad, que Sirio B es más masiva (quizá mucho más masiva) que Sirio A. Y sin embargo, Sirio B —al menos en el estado de enana blanca— sólo tiene la mitad de masa que Sirio A. ¿Qué ha ocurrido con el resto de la masa que antaño perteneciera a Sirio B?

Según nuestros conocimientos, el único modo de perder una cantidad apreciable de masa estelar es a través de una explosión tipo supernova. ¿Podría ser entonces que hace un evo o más Sirio B hubiese experimentado una explosión tipo supernova? Es muy probable.

Tal conclusión viene apoyada por los trabajos teóricos del astrónomo indo-americano Subrahmanyan Chandrasekhar (n. 1910). Incluso en las enanas blancas tiene que existir equilibrio entre la fuerza gravitatoria, que tiende a comprimir la estrella, y el efecto térmico que impele la sustancia estelar hacia afuera. Las fuerzas gravitatorias que actúan en una enana blanca son muchas veces más intensas que las que están en juego en el caso de una estrella ordinaria, con lo cual la temperatura central también tiene que ser más elevada para contrarrestarlas. Cuanto mayor es la masa de la enana blanca, tanto más intensa será la fuerza gravitatoria que tiende a comprimirla y tanto más pequeña y densa será la estrella. Pero en cierto punto crítico («límite de Chandrasekhar») no existe ya temperatura capaz de impedir que la estructura de la enana blanca se contraiga hasta cierto límite extremo. Chandrasekhar demostró en 1931 que este límite crítico equivalía aproximadamente a 1,4 veces la masa del Sol. Este resultado viene avalado por el hecho de que todas las enanas blancas cuya masa ha sido determinada se encuentran muy por debajo del límite de Chandrasekhar.

Una estrella de tamaño medio, como el Sol, seguirá contrayéndose de un modo más o menos constante después de haber agotado el combustible nuclear de su parte central. Durante este proceso quizá experimente una explosión benigna en el momento en que el calor de contracción inflame el combustible nuclear contenido en las capas externas. En el transcurso del tiempo es posible incluso que se produzcan varias explosiones de este tipo. Es muy probable que algunas al menos de las novas ordinarias representen esta fase de la evolución de una estrella. Cabe incluso que la atenta mirada de los astrónomos haya presenciado la formación de una enana blanca de esta forma. WZ Sagittae, una nova reincidente, explotó primero en 1913 y después en 1946; hoy día posee una luminosidad equivalente a sólo 1/100 la del Sol y presenta todos los síntomas de una enana blanca.

Cuanto mayor es la masa de la estrella, tanto más drástico es el efecto de la compresión y tanto más tremendas son también las explosiones provocadas. Tales explosiones van eliminando porciones de masa cada vez más grandes y reducen la parte restante hasta un valor muy por debajo del límite de Chandrasekhar[1]. No cabe duda, pues, de que las supernovas son la agonía de las estrellas masivas y que las supernovas de Tipo I representan la agonía de estrellas especialmente masivas.

Mas ¿qué es lo que provoca el colapso final de una estrella masiva? Porque, evidentemente, se trata de un proceso repentino. Dos, como mínimo, son los mecanismos que se han sugerido para explicar estas catástrofes súbitas, y ambos pueden ser válidos para un tipo concreto de estrellas.

Una posibilidad es que la temperatura del corazón central de la estrella, saturado de hierro, llegue a alcanzar un nivel tan alto que, en cierto momento crítico, los átomos de hierro se vean desintegrados por la intensísima radiación, descomponiéndose en fragmentos de helio. Este proceso no suministra energía, sino que la *absorbe:* absorbe toda la energía contenida en la radiación que dio lugar a aquélla. Todo esto ocurre, en cierta medida, a temperaturas comprendidas dentro de un intervalo bastante amplio, pero cuando sucede en el punto crítico la velocidad del proceso es tal que la energía absorbida no puede ser ya reemplazada por los últimos restos de procesos nucleares en el corazón de la estrella. La temperatura en el corazón central disminuye ligeramente.

En el momento en que la temperatura disminuye, la

fuerza de compresión gravitatoria de la estrella, liberada ahora en parte de su fuerza antagónica, se hace dueña de la situación. La estrella se contrae y el núcleo central se calienta a expensas de la energía gravitatoria. La energía suministrada de este modo mantiene activo el proceso de conversión del hierro en helio, con lo cual la estrella continúa encogiéndose a un ritmo cada vez mayor. En resumen: toda la energía liberada por el núcleo central a lo largo de varios millones de años de fusión del helio en hierro se devuelve ahora en cuestión de horas (!) a costa de la única fuente de energía que queda, a saber, el campo gravitatorio.

La segunda variante fue sugerida en 1961 por el astrónomo chino-americano Hong-Yee Chiu (1932). Para exponerla nos vemos precisados a introducir previamente algunos conocimientos de fondo.

La materia absorbe muy fácilmente la radiación ordinaria que emite el núcleo central de una estrella. Una vez liberado un fragmento de radiación, es absorbido al instante, liberado de nuevo, absorbido una vez más, y así sucesivamente. La radiación pasa de mano en mano, por así decirlo, en direcciones aleatorias, y no consigue abrirse paso hasta la superficie estelar sino de una forma muy gradual. Se estima que una porción de energía tarda por término medio un millón de años en desplazarse desde el núcleo central del Sol, donde se forma, hasta la superficie solar, lugar a partir del cual se radia hacia el exterior. Este fenómeno hace que la sustancia del Sol sea un excelente aislante, de suerte que mientras el centro está a 15.000.000° C., la superficie, separada de aquél sólo 800.000 kilómetros, se encuentra únicamente a 6.000° C.

Además de la radiación ordinaria, las reacciones nucleares que se desarrollan en el núcleo central de las estrellas producen ciertas partículas en extremo minúsculas llamadas «neutrinos». Los neutrinos viajan a la velocidad de la luz, igual que la radiación ordinaria, pero entre ambos existe una diferencia importante: es muy raro que los neutrinos sean absorbidos por la materia. Los neutrinos que se forman en el centro del Sol se desplazan hacia el exterior en todas direcciones sin verse afectados en modo alguno por la materia que constituye el Sol. En tres segundos alcanzan la superficie solar y desde allí se disparan hacia el espacio exterior, llevándose consigo parte de la energía del Sol.

A la temperatura que reina en el interior del Sol, el número de neutrinos que se forman es ínfimo comparado con la radiación ordinaria emitida. Si queremos considerar los neutrinos algo así como una fuga de energía, entonces debemos añadir que esta fuga es prácticamente imperceptible en el caso del Sol.

Ahora bien, a medida que una estrella envejece, la temperatura de su centro aumenta y el ritmo de formación de neutrinos crece cada vez más rápidamente. La fuga de energía debida a los neutrinos adquiere ahora un carácter más serio. Cuando se alcanza una temperatura crítica de 6.000.000.000° C. (según los cálculos de Chiu) la fuga se hace tan grande que las reacciones nucleares que se operan en el núcleo central dejan de ser capaces de suministrar la energía necesaria para impedir que la estrella sufra un colapso.

Sea cual fuere la causa de la pérdida de energía en el núcleo central (la iniciación repentina de un proceso de conversión de hierro a helio o una fuga abrumadora de energía originada por los neutrinos), el resultado, en ambos casos, es el colapso súbito y catastrófico de la estrella. En el transcurso del colapso las capas externas de la estrella se comprimen. Pero estas capas externas contienen todavía combustible nuclear, incluso hidrógeno en la superficie misma. Este hidrógeno no experimentaría nunca un proceso de fusión a las temperaturas superficiales, ni siquiera de las estrellas más calientes; mas con la acción supletoria del calor de compresión todo el combustible que queda en la estrella se prende. En un breve lapso de tiempo, la energía que en condiciones normales bastaría para cientos de miles de años se radia al exterior.

Si las supernovas marcan efectivamente la transición de las estrellas masivas a enanas blancas, entonces no cabe duda de que el centro de la nebulosa del Cangrejo debería estar ocupado por una enana blanca. De hecho existe en ese punto una estrella diminuta y azulada (tan caliente como cabría esperar de una enana blanca nueva). Esta enana fue detectada en origen por Walter Baade en 1942. Durante un cuarto de siglo fue considerada como una enana blanca, pasando luego a adquirir una identidad aún más exótica (véase pág. 381).

Si es cierto que las nebulosas planetarias son residuos de explosiones tipo supernova, entonces deben existir también enanas blancas en el centro de aquéllas (o al menos en algunas de ellas). Las estrellas centrales de las nebulosas planetarias son invariablemente estrellas blanco-azuladas, como cabría esperar —repetimos— de enanas blancas más o menos nuevas. La estrella central de la nebulosa planetaria más cercana, la NGC 7293, es sólo de la décima magnitud a pesar de sus 85 años-luz de distancia, y es claramente una enana blanca.

Si, como Zwicky estima, el número de explosiones tipo supernova es de tres por milenio dentro de una galaxia concreta, entonces a lo largo de los 5 evos que lleva de existencia el sistema solar ha debido haber 15.000.000 de supernovas, formándose otras tantas enanas blancas. Añadamos a éstas los miles de millones de supernovas que han podido tener lugar antes de que el sistema solar se formara, así como las enanas blancas que se han formado a partir de estrellas suficientemente pequeñas para evitar la fase de supernova, y comprobaremos que no es sorprendente que las enanas blancas sean tan comunes como parece que son.

Estrellas de la segunda generación

Cuando una gran estrella explota como supernova, cierta cantidad de materia se ve lanzada hacia el exterior, hacia el espacio, distribuyéndose ocasionalmente entre el gas rarificado que allí se encuentra presente.

La materia estelar que ha explotado abunda en todos

los elementos que preceden al hierro, pues todos ellos se hallaban presentes en la estrella en el momento de la explosión. Es más: dicha materia debe contener también elementos más pesados que el hierro. Estos elementos no se pueden formar sin un aporte de energía, y en las estrellas ordinarias, desde luego, no se formarían. Sin embargo, en una supernova la producción de energía es tan descomunal que es muy probable que parte de ella se ponga a trabajar, digámoslo así, en la constitución de átomos más complejos que los del hierro, en todos los tipos de átomos hasta los de uranio, el átomo más complejo de los que se dan con cierta abundancia en la corteza terrestre.

Pero es muy probable que incluso se formen elementos más complejos que el uranio. Tales «elementos transuránidos» no existen en estado natural en la Tierra debido a su extrema inestabilidad. Cierto que el propio uranio es inestable y se desintegra continuamente, por etapas, hasta llegar al plomo. Mas la desintegración del uranio es tan lenta que incluso al cabo de 4,5 evos (aproximadamente la vida de la Tierra) todavía queda intacta la mitad de la reserva original de este elemento. La desintegración de los elementos más allá del uranio es mucho más rápida, y si alguno de estos elementos existió en el momento de la formación de la Tierra, en la actualidad ya ha desaparecido.

En relación con las supernovas tenemos, por el contrario, pruebas (una, como mínimo) en favor de la aparición —al menos transitoria— del elemento «californio» (situado seis lugares más allá del uranio en la tabla periódica de los elementos). Al parecer, muchas supernovas pierden brillo con una vida media de cincuenta y cinco días. Y da la casualidad de que una de las variedades del californio, el «californio 254», se desintegra precisamente a esa velocidad. Es posible que haya cierta relación en este sentido.

En cualquier caso, mucho después de que la supernova se encienda camino de su destrucción y de que la enana blanca resultante inicie su viaje alrededor del centro galáctico, el anillo gaseoso de la explosión quedará rezagado como consecuencia de la fricción con el gas disperso que se encontraba ya presente en el espacio interestelar, sirviendo así para contaminar dicho gas en la región en que antaño tuvo lugar la explosión. De suerte que lo que hasta entonces era una zona del espacio que contenía un gas disperso formado exclusivamente por hidrógeno, puede contener ahora pequeñas porciones de helio y porciones aún menores de átomos más complejos. En efecto, si es cierto que en cada milenio ocurren tres supernovas por galaxia, ello bastaría para explicar la presencia de un tercio del gas interestelar.

¿Qué ocurre entonces si a partir de la materia de este espacio contaminado se forma una estrella? La estrella seguiría estando compuesta en su mayor parte de hidrógeno; seguiría teniendo una vida muy longeva, a lo largo de la cual podría radiar utilizando como fuente de energía la fusión del hidrógeno (siempre que, naturalmente, no fuese demasiado masiva), pero también gozaría de la participación de átomos complejos en cantidades mayores de lo que cabría esperar.

Este parece ser el caso de nuestro Sol (con lo cual contestamos al problema planteado en la pág. 174). Al parecer, el Sol es una «estrella de la segunda generación», es decir, una estrella que se formó allí donde con anterioridad había muerto otra por explosión.

Si el Sol hubiera estado compuesto en origen por un 100% de hidrógeno, tendrían que haber transcurrido 20 evos antes de llegar a la proporción de hidrógeno (81%) que exhibe en la actualidad. En cambio, si la proporción orginaria de hidrógeno hubiese sido del 87%, sólo harían falta de 5 a 6 evos para llegar al estado presente; así pues, es esto último lo que probablemente sucedió.

De este modo, los planetas que se formaron en las afueras de esa nube de gas en lento proceso de aglomeración que dio lugar al sistema solar acabarían también por estar compuestos de un material con una mezcla adicional considerable de átomos más complicados. En el caso de la Tierra, que en sus comienzos era demasiado pequeña y caliente para depender exclusivamente del hidrógeno y del helio, los átomos más complicados constituyen casi la totalidad de su estructura. La Tierra posee un núcleo central —cuya masa equivale a un tercio de la total— compuesto casi por entero de hierro líquido. Esto da idea de las cantidades ingentes de hierro que la explosión de la supernova (con su propio núcleo central saturado de hierro) debió de vomitar al espacio.

En efecto, Fred Hoyle sugirió hace algunos años que otrora el Sol formó parte, igual que Sirio, de un sistema doble de estrellas y que su compañera se incendió convirtiéndose en una supernova. De este modo Hoyle intentaba explicar la constitución de los planetas y al mismo tiempo tener en cuenta el hecho de que éstos poseen un momento angular tan grande; según esta teoría, el momento angular planetario provendría de la reserva que poseía la estrella que explotó. Sin embargo, si aceptamos esta hipótesis es preciso resolver el problema de dónde ha quedado la enana blanca que se debió formar en el curso de la supernova. La teoría de Hoyle es original e interesante, pero no todos los astrónomos, ni mucho menos, la consideran probable.

12. Evolución galáctica

La cuestión de la eternidad

Como el lector habrá podido comprobar, el estudio que hemos hecho de los problemas concernientes a la evolución estelar ha finalizado con la siguiente idea: aunque el Sol quizá tiene una edad de sólo 5 evos, antes que eso tuvo que haber una historia de la Galaxia, pues aquél se erigió sobre las ruinas de una estrella aún más vieja. En efecto, un examen detenido de la estructura de ciertos cúmulos globulares, así como de la proporción entre la cantidad de hidrógeno consumida y la que aún queda por consumir, revela que la vida de los cúmulos puede llegar a ser de hasta 25 evos.

Ahora bien, ¿esta cifra constituye necesariamente la cota máxima? ¿Es preciso siquiera postular una edad definida para el Universo? El hecho de que una estrella posea una edad determinada no excluye el que antes que ella existieran otras con su propia vida y muerte, formando así una sucesión interminable. En este aspecto puede establecerse cierta analogía con la raza humana: la humanidad lleva existiendo un tiempo mucho más largo que la vida de un individuo cualquiera.

En cierto modo cabe argüir, desde luego, que la energía del Universo (incluida la materia, como una forma de energía) ha existido desde siempre y siempre existirá, toda vez que, según los conocimientos actuales, es imposible crear energía de la nada o destruirla por completo. Esto significa —podríamos concluir— que la sustancia del Universo (y, por consiguiente, el Universo mismo) es eterna.

Sin embargo, no es esto a lo que nos referimos. Lo que nos ocupa es algo más que la mera sustancia del Universo. El problema consiste en saber si dicha sustancia siempre ha tenido y siempre tendrá la forma que caracteriza al tipo de Universo que conocemos —un Universo con planetas y estrellas, y capaz de albergar a seres vivientes como nosotros mismos— o si, por el contrario, este «Universo que conocemos» tuvo un principio perfectamente definido y tendrá un fin también definido.

Según los conocimientos actuales, el «Universo que conocemos» (que es al que nos referimos cuando de ahora en adelante hablemos del «Universo») existe en su forma presente gracias a la producción de energía suministrada por la fusión del hidrógeno. Antes de que se iniciara el proceso de fusión habría que concebir el Universo (de acuerdo con lo expuesto en los capítulos anteriores) como una simple masa vastísima de gas turbulento, caliente al rojo (aunque tenuemente) en puntos aislados. Una vez fusionado todo el hidrógeno, el Universo no podría consistir en nada más que enanas blancas, las cuales han ido avanzando, durante períodos de tiempo variables, a lo largo del camino que conduce en último término a la oscuridad y a la extinción. El «Universo que conocemos» sólo se da durante el período en que el proceso de fusión del hidrógeno se desarrolla a un ritmo muy grande.

Cuando preguntamos entonces si el Universo es eterno, lo que estamos preguntando es, en esencia, si la fusión del hidrógeno es capaz de perdurar para siempre.

Ahora queda explicado por qué, en la página 135, suscité la cuestión de si el Universo era infinito, abandonando luego el tema para tomar otro rumbo y abordar el problema de la edad de los diversos cuerpos celestes. Pues ahora que nos hemos planteado un problema similar, el de la eternidad del Universo, resulta que ambas cuestiones están íntimamente ligadas en algunos aspectos.

Por ejemplo, si la cantidad de hidrógeno del Universo fuese infinita, es evidente que dicho hidrógeno podría seguir fusionándose en helio indefinidamente, con tal de que la velocidad de fusión fuese finita. Expresado con otras palabras, un Universo finito tendría que ser también un Universo eterno. Por otra parte, un Universo finito tal vez tendría que ser inevitablemente finito tanto en el tiempo como en el espacio.

Para que un Universo finito fuese eterno a pesar de su finitud tendría que existir algún proceso capaz de invertir el proceso de fusión del hidrógeno, de restablecer el nivel de hidrógeno y de ponerlo otra vez a disposición del proceso de fusión. Además, esto no debe ocurrir irrevocablemente a expensas de otras fuentes de energía, como son los campos gravitatorios.

Hay que decir que a primera vista esto no parece posible. Cierto es que, de acuerdo con la doctrina científica aceptada con carácter universal, la energía se conserva y jamás puede ser destruida. (Este principio recibe a veces el nombre de «primer principio de la termodinámica».) Sin embargo, a pesar de que la cantidad de energía que nos rodea se mantiene constante, no siempre se encuentra disponible para su conversión en trabajo útil, y es precisamente esta disponibilidad para la transformación en trabajo lo que constituye uno de los requisitos fundamentales del «Universo que conocemos». En efecto, existe un principio generalizado —conocido como «el segundo principio de la termodinámica» y que, al parecer, es tan válido, universal e importante como el primero— que nos dice que la cantidad de energía disponible para su conversión en trabajo decrece constantemente.

Lo cual significa, recurriendo a un ejemplo muy sencillo, que el agua que ha discurrido ladera abajo no puede remontar la ladera por sí sola: para ello es preciso bombearla hacia arriba a costa de la energía de alguna otra fuente. Cualquier sistema que haya «bajado» (tanto si ha efectuado un trabajo durante ese proceso como si no) puede recuperar su estado original y volver a «bajar», pero siempre a expensas de energía proveniente del exterior. Además, la energía necesaria para restablecer un sistema que haya «bajado» es siempre *mayor* que la que proporcionaría dicho sistema al volver a «bajar», con lo cual siempre se produce una pérdida neta en el proceso de restablecimiento de un sistema. Y según el estado actual de nuestros conocimientos, el segundo principio de la termodinámica es inviolable.

Así pues, podemos concluir que poco a poco se irá sepultando, de modo irrevocable, una cantidad cada vez mayor de la energía del Universo en forma de residuos de enanas blancas: desde el punto de vista que a nosotros nos interesa, ese será el fin del Universo. Dando marcha atrás en el tiempo, también podríamos concluir que a pesar de que antes que el Sol existían ya estrellas, tuvo que haber un momento —hace 25 evos, pongamos por caso— en que *toda* la energía del Universo se encontrara en forma de briznas dispersas de hidrógeno turbulento: desde nuestro punto de vista, ese sería el comienzo del Universo.

Según este razonamiento, el Universo acaso tenga una longitud de vida de unos 1.000 evos; y de este enorme (pero finito) lapso de tiempo ha transcurrido ya la cuadragésima parte.

Ahora bien, esta conclusión descansa en la hipótesis de que los principios primero y segundo de la termodinámica son válidos no sólo en la pequeña porción del espacio que nos ha sido dado inspeccionar, sino en todo punto del Universo; y no sólo en las circunstancias que el hombre ha podido presenciar, sino en unas condiciones cualesquiera.

Reteniendo en la memoria que la hipótesis de la validez de las leyes de la termodinámica no es indiscutible, persistamos en nuestro intento de averiguar si el Universo es infinito y eterno, o, por el contrario, finito y pasajero. A este fin conviene dejar por el momento las estrellas y centrar nuestra atención en las galaxias.

Clases de galaxias

Las primeras nociones que aparecieron acerca de la evolución de las estrellas nacieron del estudio de las diferentes propiedades de diversos tipos de estrellas. Dichas propiedades fueron derivadas casi por entero a partir de los espectros, toda vez que las estrellas en sí eran demasiado pequeñas para exhibir detalles estructurales.

El estudio de las diversas propiedades de distintos tipos de galaxias también permiten deducir algunas nociones acerca de su evolución. Pero existe una diferencia, y es que las galaxias son mucho mayores que las estrellas. A pesar de que las galaxias distan mucho más de nuestro planeta que las estrellas de nuestra vecindad espacial inmediata, esas galaxias lejanas no aparecen a través del telescopio como simples puntos de luz: se manifiestan como manchas luminosas con formas peculiares, y miles de las más cercanas muestran incluso un detalle considerable.

Hubble registró las tres clases principales de galaxias: espirales, elipsoidales e irregulares (véase pág. 134). Sin embargo, consiguió mejorar esta clasificación, y en 1925 publicó otra, más detallada, que es la que se ha utilizado desde entonces. Las galaxias elipsoidales, por ejemplo, que carecen de brazos espirales y que se asemejan a cúmulos globulares muy distantes y de gran tamaño, difieren entre sí en el grado de aplastamiento. Unas son prácticamente esféricas (cabría llamarlas «galaxias esferoidales»), otras son algo achatadas, otras más achatadas aún, etc. Hubble simbolizó todas las galaxias elipsoidales con la letra E y distinguió el grado de achatamiento por medio de números. E0 representaba las galaxias esferoidales, mientras que las clases E1 a E7 simbolizaban grados de aplanamiento crecientes. Una galaxia E7 presenta un grado de aplanamiento bastante marcado, y sus extremos (vistos de canto) sobresalen en forma de puntas como si estuvieran a punto de convertirse en brazos espirales.

En cuanto a las galaxias espirales, Hubble distinguió dos tipos. En primer lugar estaba la galaxia espiral ordinaria cuyos brazos van conectados directamente al núcleo elipsoidal y empaquetados alrededor de éste, como en el caso de la galaxia de Andrómeda. Después estaban aquellas galaxias de cuyo núcleo, y arrancando de ambos lados de éste, parecían proyectarse hacia afuera sendas barras rectas de estrellas. A partir de ambos extremos de las barras se extienden los brazos espirales. Este tipo recibe el nombre de «galaxias espirales barradas», y al parecer constituyen un 30% del número total de espirales.

Hubble simbolizó las espirales ordinarias con la letra S, y las espirales barradas con el signo SB. A continuación procedió a diferenciar las galaxias espirales de ambas clases de acuerdo con el grado de apretamiento o laxitud con que los brazos estuvieran empaquetados en torno al núcleo, utilizando a este efecto letras minúsculas: *a* para los brazos empaquetados de un modo muy apretado, y *b* y *c* para estructuras más laxas; de suerte que una galaxia espiral podía ser del tipo Sa, Sb o Sc; o bien SBa, SBb o SBc en el caso de que se tratara de una espiral barrada.

La galaxia de Andrómeda está clasificada como Sb. Nuestra propia Galaxia ha sido considerada, por lo común, como similar a la de Andrómeda, clasificándola también con el símbolo Sb. Sin embargo, es posible que haya que introducir un cambio en este punto. Sobre la base de ciertas mediciones efectuadas en 1965 relativas al brillo de las estrellas próximas a nuestro núcleo galáctico se sugirió que éste era más pequeño de lo que hasta entonces se había creído. Su diámetro acaso no tenga más de 6.500 años-luz, la mitad del diámetro del núcleo de la galaxia de Andrómeda. Si el núcleo de nuestra Galaxia es efectivamente más pequeño de lo que se pensaba, y los brazos espirales son, por consiguiente, más prominentes y espaciados, nuestra Galaxia se parecería entonces más a la de Torbellino que a la de Andrómeda, y pertenecería, igual que la primera, a la clase Sc.

Hubble dispuso todas estas formas en el orden progresivo siguiente:

$$E0 \rightarrow E1 \rightarrow E2 \rightarrow E3 \rightarrow E4 \rightarrow E5 \rightarrow E6 \rightarrow E7 \rightarrow S0 \begin{cases} \nearrow Sa \rightarrow Sb \rightarrow Sc \\ \searrow SBa \rightarrow SBb \rightarrow SBc \end{cases}$$

donde S0 representa una forma hipotética con características intermedias entre las elipsoidales, espirales y espirales barradas.

Hubble nunca afirmó de un modo explícito que esta ordenación representara, en su opinión, un cambio evolutivo, pero al parecer así lo creía. La progresión gradual desde la forma esferoidal hasta la espiral laxa constituía ciertamente una hipótesis muy tentadora, y durante la década (más o menos) que siguió a 1925 las ideas que predominaron en punto a la evolución galáctica se asemejaron a una especie de hipótesis nebular laplaciana, pero a escala mucho mayor.

Imaginemos, de entrada, una cantidad de gas suficiente para formar, no ya una sola estrella, sino cien mil millones de ellas. Dentro de esta porción ingente de gas, que podríamos llamar protogalaxia, se operaron procesos que condujeron en último término a su condensación en miles de millones de estrellas. La protogalaxia dispondría en origen de cierta provisión de momento angular, y a medida que se condensara se iría achatando. Iniciaría su vida en forma de galaxia esferoidal, para luego aplanarse de un modo paulatino, pasando de E0 a E7.

Conforme la galaxia en su totalidad continuara contrayéndose y ganando en compacidad, la rotación iría haciéndose más rápida y el proceso de aplanamiento más agudo, hasta llegar un momento en que —igual que ocurría con el sistema planetario y la nebulosa de Laplace— se desprenderían fragmentos de la zona ecuatorial. De este modo se formarían los brazos espirales, con o sin la constitución simultánea de una barra (ni Hubble ni ningún otro astrónomo ha sabido explicar la existencia de estas barras). Por otra parte, a medida que transcurriera el tiempo y la galaxia siguiera contrayéndose y adquiriendo una velocidad de rotación mayor, los brazos continuarían separándose del núcleo, de suerte que tanto las espirales como las espirales barradas pasarían por las fases a, b y c. Las galaxias irregulares acaso representen el estadio final de este esquema evolutivo.

Toda vez que las galaxias elípticas parecen ser especialmente grandes y las irregulares son, por lo común, pequeñas, nos vemos obligados a suponer que cuanto mayor es una galaxia, más despacio experimentará este proceso de desarrollo. Las galaxias de mayor tamaño se demorarían en la fase elíptica, mientras que las pequeñas pasarían por ella de un modo fugaz, camino de la etapa final irregular.

De ser correcto este esquema, la galaxia de Andrómeda, y con más razón aún nuestra propia Galaxia, son relativamente viejas y se hallan en un estadio muy avanzado del desarrollo evolutivo.

Poblaciones estelares

Sin embargo, hacia la década de 1940-49 aparecieron en escena una serie de nuevas concepciones. En 1942 se le presentó a Baade una oportunidad inmejorable. La ciudad de Los Angeles tuvo que ser oscurecida debido a los bombardeos de la Segunda Guerra Mundial, y esta circunstancia permitió obtener, con ayuda del telescopio de 100 pulgadas de Mt. Wilson, una visión de la galaxia de Andrómeda mucho más clara que las que se habían podido conseguir hasta entonces.

Hasta aquellos momentos, Hubble y todos los astrónomos que le siguieron sólo habían conseguido distinguir estrellas sueltas localizadas en los brazos espirales. Baade, por el contrario, fue capaz de observar y fotografiar astros pertenecientes al núcleo de Andrómeda.

Una importante diferencia se puso de manifiesto. Las estrellas más brillantes de los brazos espirales eran gigantes blanco-azuladas, de gran tamaño y muy calientes, algo así como las estrellas más brillantes de la vecindad inmediata de nuestra Galaxia. Sin embargo, las estrellas más brillantes del núcleo de Andrómeda eran rojizas. En esta parte de la galaxia no aparecían por ningún lado estrellas blanco-azuladas.

Esta circunstancia parecía concordar con la información de carácter general proveniente de las fuentes espectrales. El espectro del núcleo de Andrómeda y los de aquellos otros núcleos galácticos que hubo ocasión de examinar, así como los espectros de las galaxias elipsoidales en general, solían ser de la clase espectral K. La luz sidérea media de tales regiones solía provenir de superficies más tenues y frías que la del Sol. El espectro general de los brazos espirales de Andrómeda y de otras galaxias se inclinaba en cambio por la clase espectral F. La luz sidérea media de tales regiones solía provenir de superficies más brillantes y más calientes que la del Sol.

Todo ocurría como si aquellas regiones donde las estrellas se concentraban muy juntas unas a otras —como en los cúmulos globulares, núcleos galácticos y galaxias elipsoidales en general— pertenecieran *grosso modo* a un tipo determinado que Baade llamó «Población II», mientras que las estrellas que estaban distribuidas de un modo más disperso, como ocurría sobre todo en los brazos espirales de las galaxias, perteneciesen, en líneas generales, a otro tipo que dicho astrónomo denominó «Población I».

Las estrellas de la Población II parecían estar distribuidas en una especie de halo esférico en torno al centro galáctico, mientras que las de la Población I estaban diseminadas, al parecer, en algo así como un disco hueco situado a lo largo del plano central de la Galaxia. Cabría, pues, denominarlas «estrellas del halo» y «estrellas del disco», respectivamente.

En líneas generales se puede decir que las estrellas de la Población II suelen ser serenas y uniformes, de tamaño entre moderado y pequeño y con cierta inclinación a ocupar regiones del espacio relativamente libres de gas y polvo. Entre las de la Población I, por el contrario, suele figurar cierto número de miembros bastante espectaculares y en conjunto exhiben una variedad muy amplia que incluye estrellas grandes de brillo y temperatura mucho más rabiosos que los de cualquiera de las estrellas de la Población II. Por otra parte, las poblaciones estelares del tipo I ocupan regiones del espacio relativamente ricas en gas y polvo.

Esta división en dos poblaciones (que desde entonces se ha complicado con el desglose ulterior de las Poblaciones I y II en varias subclases) suscitó nuevas cuestiones referentes a la evolución galáctica. El cúmulo de conocimientos que se fueron obteniendo acerca de la naturaleza de las reacciones nucleares en el interior del núcleo central de las estrellas parecía indicar que las estrellas grandes tenían una vida más efímera que las pequeñas, por lo cual era preciso considerar los miembros de la Población I como estrellas en trance de desvanecerse. Análisis más detallados demostraron que los propios brazos espirales tenían que ser de vida efímera, aunque hasta la fecha no se ha dado una explicación completamente satisfactoria de por qué, si los brazos espirales tienen una vida tan breve, existen tantas galaxias que los poseen.

En cualquier caso, existía el pensamiento de que los brazos espirales tenían que ser fenómenos temporales y que las galaxias propendían a perderlos y a convertirse en elípticas, y no a la inversa. Esto equivalía a invertir por completo el esquema evolutivo de Hubble.

Supongamos que las estrellas que en un principio nacieran de una protogalaxia constituyesen un sistema irregular, de suerte que la fase evolutiva más temprana fuese la de una galaxia irregular. En el centro de la protogalaxia, donde el polvo alcanza su mayor concentración, sería también donde las estrellas se formasen más rápida y abundantemente. La porción de gas y polvo disponible para cada estrella sería relativamente exigua, con lo cual las estrellas del centro poseerían un tamaño pequeño y exhibirían propiedades más bien uniformes. Una vez finalizado el proceso de formación, la cantidad de polvo y gas restante sería casi nula. Tales estrellas pertenecerían al tipo de Población II, muy ricas en hidrógeno y muy pobres en los átomos más complejos.

Por el contrario, en las afueras de la protogalaxia el polvo y el gas tenderían a poseer una distribución menos uniforme. La rotación general de la protogalaxia seguramente rasgaría el polvo y el gas en jirones, de modo que las estrellas propenderían a formarse en determinadas regiones, que resultaron ser brazos espirales luminosos. Debido a la desigual distribución del polvo y del gas, en unos lugares se formarían abundantes estrellas y en otros pocas; unas dispondrían de entrada de una porción muy pequeña de materia, mientras que otras poseerían desde el principio una cantidad mayor que el promedio. Como consecuencia de ello, la variedad de masas sería grande y los miembros mayores de este grupo de Población I poseerían un brillo y una temperatura notables.

Por otra parte, en los brazos espirales quedaría aún gran cantidad de gas y polvo, ya que, dada su posición sumamente alejada del centro, la distribución de esa materia sería demasiado dispersa para poder servir como núcleos de estrellas. A lo largo de billones de años, ese polvo y ese gas se irían condensando lentamente hasta que en último término fuesen capaces de convertirse en astros. Además, las brillantes y calientes estrellas de la Población I alcanzarían en el transcurso de su veloz evolución la fase de «muerte» y explotarían en forma de supernovas, suceso que vendría a enriquecer el polvo y gas de los brazos espirales con helio y otros átomos más complejos, de modo que las estrellas de la Población I que se formaran más tarde serían estrellas de la segunda generación, relativamente pobres en hidrógeno y ricas en átomos más complejos.

Así pues, la primera fase de la evolución galáctica, después de la galaxia irregular primitiva, sería una galaxia espiral de brazos muy sueltos.

Pero los brazos espirales son de vida relativamente efímera. El polvo y el gas se consumen en el proceso de formación de estrellas, las más brillantes de éstas se extinguen y el estado de los brazos progresa de un modo continuo desde una situación tipo Población I a otra tipo Población II. Además, a medida que la galaxia gira, los brazos espirales se ven arrastrados y se enrollan, por así decirlo, alrededor del núcleo en un abrazo cada vez más apretado, pasando de Sc a Sb y luego a Sa.

En un momento dado, los brazos espirales llegan a confundirse con el núcleo, su carácter de Población I se desvanece y queda constituida una galaxia elíptica achatada.

Las estrellas de una galaxia de esta especie, sometidas como están a una interacción gravitatoria mutua, van adquiriendo con el tiempo una distribución de movimientos cada vez más uniforme a lo largo y a lo ancho del conjunto: el grado de aplanamiento va disminuyendo hasta que, por último, se forma una galaxia esferoidal.

Mirando las cosas de este modo resultaría que nuestra Galaxia y la de Andrómeda no se encuentran en el estadio final de su evolución, sino en las primeras fases, siendo de hecho galaxias bastante jóvenes.

Este esquema inverso de la evolución galáctica tiene algunas observaciones a su favor. Postula una disminución constante de polvo y gas en las galaxias (lo cual parece razonable); las galaxias irregulares, como las Nubes de Magallanes, son gas y polvo en un 20-50%. Al parecer, la proporción de materias residuales que contienen es mayor que la de nuestra Galaxia (marcadamente espiral), mientras que las galaxias espirales son a su vez más «polvorientas» que las elípticas.

A fin de explicar el gran tamaño que caracteriza a tantas galaxias esferoidales cabría sugerir que las galaxias grandes (igual que las estrellas grandes) evolucionan más de prisa, y no más despacio. Las más grandes, sometidas como están a la influencia de un campo gravitatorio particularmente intenso, se condensan más pronto en estrellas, desarrollan antes brazos espirales en las regiones exteriores (más abundantes también en polvo) y arrastran con mayor prontitud los brazos hacia adentro, adoptando la forma redondeada que exhiben hoy día las gigantes galaxias esferoidales. Las galaxias menores se demorarían en la etapa espiral y las que fuesen aún más pequeñas poseerían una fase irregular (la más temprana) sumamente prolongada.

Por otra parte, también se ha pensado en la posibilidad de que ni siquiera haya existido una evolución en el sentido ordinario de esta expresión, es decir, un proceso en virtud del cual una galaxia de cierto tipo se convirtiera en otra de un tipo distinto. Según esta teoría, una vez que la galaxia adopta la forma de una estructura determinada y llena de estrellas, dicha estructura es inamovible, y la diferencia entre las distintas galaxias dependería por entero de diferencias inherentes a las protogalaxias originales, sobre todo de la cantidad de momento angular disponible.

Supongamos que una protogalaxia posee muy poco momento angular. Girará muy despacio y se aplanará de un modo no muy pronunciado, si es que llega a aplanarse. Escasa sería también la materia que se perdería como consecuencia del efecto centrífugo, de suerte que una protogalaxia de estas características retendría un tamaño máximo. Las estrellas que más tarde se formaran constituirían una galaxia esferoidal gigantesca.

Si la protogalaxia poseyera una provisión más abundante de momento angular, giraría con una velocidad mayor, se achataría perceptiblemente, experimentaría cierta fuga de materia en el ecuador y resultaría en una galaxia elipsoidal algo menor y más plana que la anterior. Los cambios cesarían de producirse en el momento en que se formasen las estrellas, y antes de que este proceso de formación congelase definitivamente la forma de la galaxia se registrarían grados variables de achatamiento, de acuerdo con la cantidad de momento angular presente. En general, cuanto más achatada la galaxia, tanto menor su tamaño.

Cuando la protogalaxia disfrutase de una cantidad particularmente grande de momento angular, un nuevo factor entraría en escena. Se empezarían a formar estrellas,

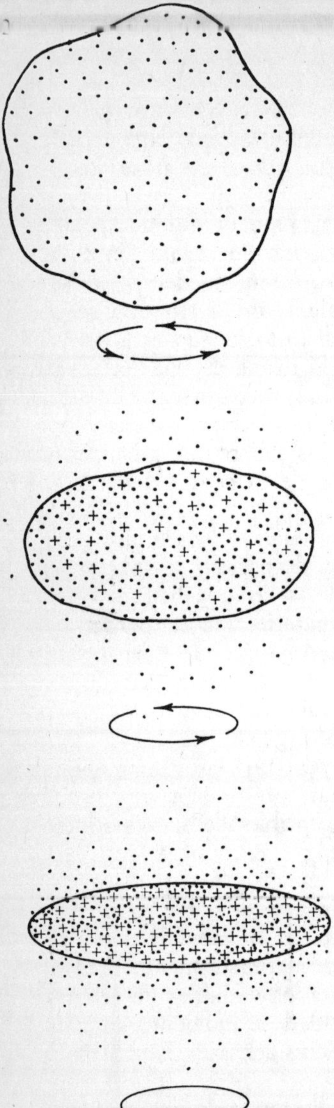

pero no a un ritmo suficiente para eliminar todo el polvo y el gas antes de que el veloz movimiento de rotación lograra aplanar la protogalaxia en un grado considerable. En resumen, la masa de gas y polvo iría adoptando una estructura plana en forma de disco, dejando tras sí un halo esférico o elipsoidal de estrellas. Estas estrellas rezagadas constituirían la Población estelar II.

El disco de gas sería lanzado hacia afuera, hacia las extremidades, y allí se concentraría; dentro de él se formarían las estrellas de la Población I. Así pues, la formación de las galaxias espirales y de las Poblaciones estelares tipo I sería puramente cuestión de la velocidad de giro de la protogalaxia original.

Sea cual fuere el esquema de evolución galáctica que adoptemos (es decir, ya elijamos la transición de protogalaxia a galaxia esferoidal

Fig. 27.—*Formación de las poblaciones estelares.*
←

y de ésta a galaxia espiral; o el de protogalaxia a espiral y esferoidal; o el de protogalaxia a espiral y esferoidal por vías independientes), queda sin despejar la incógnita de la edad de las galaxias en general, y, por consiguiente, de la edad del Universo.

¿El Universo entero se formó a partir de un sistema de protogalaxias que comenzaron a transformarse en galaxias hace aproximadamente 15 evos? Si es así, entonces el Universo en su conjunto tiene una edad de 15 evos.

¿O fue acaso que ciertas partes del Universo iniciaron el desarrollo galáctico en un momento dado, mientras que otras lo hicieron en otros momentos distintos? ¿Es así que la porción de Universo con la cual estamos más familiarizados tiene una edad de 15 evos, mientras que otras porciones son más viejas? ¿Existirán quizá vastas regiones del espacio, indetectables para nosotros, que se hallen todavía en la fase protogaláctica y que, efectivamente, no hayan nacido aún?

Tales preguntas no se pueden contestar apoyándonos sólo en consideraciones referentes a la evolución galáctica. Es preciso, por tanto, abordar el problema desde otra dirección.

13. La recesión de las galaxias

El desvío hacia el rojo de las galaxias

En 1912 se dio un paso clave en el estudio de las galaxias; por entonces aún no eran reconocidas como tales, sino que se pensaba que eran nebulosas espirales dentro de nuestro propio sistema de estrellas. En dicho año el astrónomo americano Vesto Melvin Slipher (1875-1969) midió la velocidad radial de lo que todavía se llamaba la nebulosa de Andrómeda y comprobó que ésta se aproximaba a nosotros (sus líneas espectrales mostraban un desvío hacia el violeta) a una velocidad de 200 kilómetros por segundo.

Fenómeno interesante, pero no insólito. Una velocidad radial de más de cien kilómetros por segundo era ciertamente grande, pero tampoco pasmosa. (De hecho, hoy día sabemos que parte de dicha velocidad no cabe atribuirla a un auténtico movimiento de aproximación de Andrómeda. Y es que da la casualidad de que la rotación de nuestra Galaxia arrastra al sistema solar en dirección a Andrómeda, igual que dentro de millones de años lo arrastrará alejándolo de ella. Eliminando el efecto de esta rotación y midiendo el movimiento de Andrómeda respecto al centro de nuestra Galaxia, resulta que aquélla sigue aproximándose a nosotros, pero sólo a una velocidad de 50 kilómetros por segundo.)

Hacia 1917 las cosas parecieron adquirir un tinte algo más desconcertante. Slipher había procedido a medir la velocidad radial de un total de quince nebulosas espirales. De antemano, y sobre una base puramente aleatoria, cabría esperar que la mitad de ellas estuviesen acercándose y la otra mitad alejándose de nosotros. Pero la realidad era que dos se aproximaban y trece se alejaban. Ahora bien, aunque esta no es la situación más probable, tampoco es imposible. (Si lanzamos al aire quince monedas, cabe esperar que obtengamos un número más o menos igual de caras y cruces; pero el azar es el azar, y podría ocurrir que obtuviéramos dos caras y trece cruces.)

Lo que sí resultaba desconcertante es que las velocidades radiales fuesen tan grandes. Las nebulosas que se alejaban de nuestra Galaxia lo hacían a una velocidad media de 640 kilómetros por segundo. Una velocidad de 200 kilómetros por segundo podía pasar, pero esos 640 kilómetros por segundo resultaban muy difíciles de aceptar. Era una velocidad muy superior a las velocidades radiales de las estrellas ordinarias.

Y cuantas más velocidades radiales medía Slipher dentro del grupo de nebulosas espirales, tanto más extrema se hacía la situación, pues todas las medidas indicaban un receso, nunca un acercamiento, y además con velocidades cada vez más pasmosas.

Cuando, hacia mediados de la década de 1920-29, Hubble demostró que los objetos que estaba observando Slipher eran en realidad galaxias localizadas muy lejos en las afueras de nuestra Vía Láctea, esta constatación vino en cierto modo a aliviar el problema. Afirmar que una clase concreta de objetos pertenecientes a nuestra Galaxia tuvieran velocidades radiales de recesión tan grandes, mientras todos los demás objetos poseían velocidades pequeñas que a menudo eran velocidades de aproximación, carecía completamente de sentido. Mas si, por el contrario, los objetos que exhibían velocidades poco usuales se hallaban también a distancias poco usuales, la situación tomaba un cariz más favorable. Si *dos* propiedades de un objeto son excepcionales, es posible que exista alguna conexión entre ambas y que una ayude a explicar la otra.

El trabajo sobre las velocidades radiales de las galaxias fue abordado más tarde por otro astrónomo americano, Milton La Salle Humason (n. 1891). Con un cuidado exquisito comenzó a tomar exposiciones fotográficas de días enteros de duración, con el fin de registrar los espectros de galaxias cada vez más tenues. Entre las galaxias más débiles descubrió velocidades de recesión que hacían palidecer a las observadas con anterioridad. En 1928 midió la velocidad radial de una galaxia llamada NGC 7619 y obtuvo un valor de 3.800 km., por segundo. Hacia 1936 estaba ya cronometrando velocidades de 40.000 km., por segundo —más de un octavo de la velocidad de la luz— y siempre se trataba de movimientos de recesión.

Estas velocidades eran tan grandes que los astrónomos se vieron obligados a poner en tela de juicio la naturaleza del desvío hacia el rojo (cuestión que se sigue planteando hoy día de vez en cuando). ¿Un desvío hacia el rojo implica necesariamente que la fuente luminosa se está alejando? ¿O existe alguna explicación alternativa que evite tener que aceptar velocidades tan descomunales?

¿Podría ser, por ejemplo, que la luz de las lejanas galaxias se viera enrojecida, a lo largo de sus prolongadas travesías, por el fino gas del espacio intergaláctico? Sin duda alguna; pero tal enrojecimiento de la luz no coincide en absoluto con el desvío hacia el rojo. Como consecuencia de esa difusión provocada por el gas se iría eliminando del espectro la luz de longitud de onda corta, y la nebulosa en su totalidad adquiriría un tinte rojizo; mas las líneas espectrales no se desplazarían. Y es precisamente a las líneas espectrales en particular no al color en general, a lo que se aplica la expresión «desvío hacia el rojo».

Otra sugerencia que se ha hecho en ocasiones es que la luz pierde de algún modo energía en el transcurso de su largo viaje procedente de las galaxias. Cuando la luz pierde energía, dicha pérdida se traduce en un aumento de la longitud de onda, con lo cual cabe esperar que en tales condiciones se obtenga un auténtico desvío hacia el rojo. De este modo, nos veríamos embaucados en la idea de que esas velocidades inauditas con que se alejan las galaxias se deben únicamente a que lo que nosotros estudiamos es «luz cansada».

Pero esta explicación no explica nada, porque nadie ha sido capaz hasta ahora de concebir un mecanismo al cual cupiera atribuir la pérdida de energía postulada. No se conoce razón alguna en virtud de la cual la luz deba perder energía al viajar durante mucho tiempo a través del vacío. Además, suponiendo que la luz perdiera energía de este modo, nadie sabría dar razón de su paradero. Por otra parte, si la luz se cansa al recorrer largas distancias, también debería cansarse, aunque en menor medida, sobre trayectos más cortos. A juzgar por el desvío hacia el rojo relacionado con las galaxias, el desvío producido por objetos más próximos que éstas debería ser también detectable, pero de hecho no lo es.

En resumen: en el momento presente, el desvío hacia el rojo no puede explicarse sino suponiendo que las galaxias se alejan de nosotros. Ninguna otra explicación alternativa puede cuadrar con todos los hechos empíricos y tener a la vez algún sentido. Hasta que no se encuentre una explicación alternativa y satisfactoria, los astrónomos no tendrán otro remedio que seguir aceptando como un hecho la precipitada recesión de las galaxias.

Hubble, cuya labor discurría paralela a la de Humason, estaba naturalmente interesado en esta recesión de las galaxias. Hubble había estimado, en un trabajo minucioso y agotador, la distancia de las galaxias por diversos caminos. En el caso de las más próximas había recurrido a las Cefeidas (véase pág. 130). En cuanto a aquellas otras que por estar demasiado alejadas no exhibían siquiera Cefeidas, utilizó cualquier estrella que le fuese dado observar y supuso que se trataba de supergigantes de brillo similar al de S Doradus, por ejemplo. En el caso de aquellas galaxias cuya distancia era demasiado grande para poder discernir las estrellas por separado, Hubble se apoyó en la hipótesis de que, *grosso modo,* todas las galaxias poseen la misma luminosidad total y que cuanto más tenue es una galaxia, tanto mayor es su distancia. Es decir, aplicó la ley de la inversa del cuadrado. Una galaxia cuyo brillo fuese equivalente a un cuarto del de otra, se encontraría dos veces más alejada que ésta; si su brillo era un noveno del de la segunda, su distancia sería tres veces superior, y así sucesivamente.

Basándose en tales criterios de distancia, Hubble utilizó en 1929 las velocidades calculadas por Slipher y Humason para demostrar que, en líneas generales, la velocidad de recesión de las galaxias aumentaba proporcionalmente con la distancia que nos separa de dichas galaxias. Una galaxia que se hallara dos veces más alejada de nosotros que otra retrocedería a una velocidad doble que la de ésta; si se hallara tres veces más alejada que la segunda, su velocidad de recesión sería también tres veces mayor, etc. Esta es la «ley de Hubble».

La característica más desconcertante de la ley de Hubble —la velocidad de recesión de una galaxia es proporcional a la distancia que la separa de nosotros— se puede expresar con una pregunta muy sencilla: ¿Por qué precisamente de *nosotros?*

¿Qué magia tenemos para que las galaxias nos rehuyan? ¿Y cómo saben las galaxias a qué distancia se hallan de nosotros para guiar sus pasos de un modo acorde?

Afortunadamente, el mismo razonamiento que explica la relación entre la velocidad de recesión y la distancia, explica también al instante por qué dicha distancia debe ser una distancia a partir de *nosotros.*

La explicación fue sugerida por la nueva concepción del Universo presentada por Einstein.

Relatividad

La nueva concepción estaba contenida en la teoría general de la relatividad, publicada por Einstein en 1915. En esta teoría Einstein planteaba un conjunto de «ecuaciones de campo» que describían las propiedades generales del Universo. A este fin supuso que el Universo, a pesar de que presentaba aquí y allá condensaciones de materia (planetas, estrellas, galaxias), podía ser estudiado con una precisión razonable considerándolo como si todo él estuviera lleno uniformemente de materia, es decir, como si la materia que de hecho existe en el Universo se hallara distribuida de un modo regular en toda su extensión. (Esto es análogo a lo que hicieron los hombres de la Antigüedad: suponer que a pesar de que la superficie terrestre es, a todas luces, desigual e irregular, tales irregularidades no son realmente importantes y que, en líneas generales, cabe considerarlas como distribuidas uniformemente; pensar, por tanto, que el mundo es plano. Esto mismo es lo que hacemos hoy día, con la única diferencia de que consideramos la Tierra como una esfera.)

Einstein supuso además que las propiedades del Universo eran, en líneas generales, las mismas en cualquier punto. Si aceptamos esta hipótesis como base, el número de posibles geometrías del Universo estaba estrictamente limitado. Con el fin de ver en qué se apoya esta afirmación, utilicemos la superficie de la Tierra como analogía.

Cualquiera que sea el punto de la Tierra donde nos encontremos, la situación es prácticamente la misma, en el sentido de que las direcciones arriba y abajo son idénticas, la atracción de la gravedad es más o menos igual y el horizonte se halla siempre a la misma distancia, independientemente de la dirección que consideremos (suponiendo que hacemos caso omiso de las irregularidades locales de la superficie y que consideramos toda la materia distribuida de modo uniforme).

Existen tres tipos de superficie que la Tierra pudiera tener y que resultarían en propiedades locales idénticas (de la especie que hemos indicado anteriormente) en todo punto. La Tierra podría ser plana, o esférica, o poseer una forma mucho menos común llamada «pseudoesférica». Los hombres de la Antigüedad supusieron que la superficie era plana porque esta era la forma más simple, pero las observaciones empíricas obligaron más tarde a inclinarse por la forma esférica [1].

La elección de la superficie esférica para la Tierra, en lugar de cualquiera de las otras formas, trae consigo una importante consecuencia geométrica. De las tres superficies, la esférica es la única finita. Una línea recta trazada sobre una superficie plana —o bien el equivalente de una línea recta trazada sobre una superficie pseudoesférica— se podría prolongar sin fin. Una recta trazada sobre una superficie esférica acabaría en cambio cerrándose sobre sí misma. Quiere decirse que si comenzamos en un punto determinado del Ecuador y empezamos a andar hacia el Este, llegará un momento en que regresaremos al punto de partida, a pesar de no haber cambiado nunca de dirección. Podemos caminar indefinidamente sin llegar nunca al «fin de la Tierra», pero estaremos repitiendo una y otra vez el mismo recorrido. La superficie de una esfera es finita, pero ilimitada.

La misma situación puede aplicarse al Universo en su conjunto, con la salvedad de que entonces se trataría de un volumen y no de una superficie, lo cual hace que el problema resulte más difícil de visualizar.

Consideremos, sin embargo, un rayo de luz que viaje a través del Universo. A primera vista parece lógico pensar que un rayo de luz que atraviese un vacío perfecto y que no tropiece con campos de energía que interfieran con él, debiera viajar en una línea absolutamente recta para siempre, alejándose de su fuente a una velocidad constante. Esto es equivalente a decir que el Universo tiene aquellas propiedades que uno describiría por medio de la geometría euclidiana. Así pues, diríamos que es un

«Universo plano», a pesar de que no se trata de una superficie, sino de un volumen.

Ahora bien, ¿el Universo es realmente euclidiano o es esto una mera ilusión producida por el hecho de que sólo podamos ver una porción muy pequeña de él? Si observamos una porción exigua de la superficie terrestre también nos da la sensación de ser plana, y sólo mediante cálculos muy delicados podemos llegar a saber que en realidad se curva suavemente en todas direcciones.

Pero si el Universo no es euclidiano ¿qué podrá ser entonces? Suponiendo que sus propiedades generales son idénticas en todos sus puntos, dispondremos de las mismas posibilidades que teníamos en el caso de la superficie terrestre, siempre que consideremos el problema en función de un rayo de luz. Dos son, pues, las variantes a la hipótesis «plana», correspondientes a dos variedades de un Universo no-euclidiano.

El rayo de luz puede describir un grandioso círculo, como si se moviera sobre la superficie de una esfera. La geometría del Universo correspondería entonces a un sistema que fue descrito en origen por el matemático alemán Georg Friedrich Bernhard Riemann (1826-1866) en el año 1854. Un universo riemanniano no debe ser considerado simplemente como un Universo esférico, pues es mucho más complicado. Es un Universo en el cual el espacio tridimensional mismo se curva en todas direcciones con una curvatura constante. El Universo sería la contrapartida tetradimensional de una esfera: una «hiperesfera», algo muy difícil de representarse o de imaginar, acostumbrados como estamos a pensar en tres dimensiones.

El rayo de luz también podría moverse como si se desplazara sobre una superficie pseudoesférica en todas las direcciones. La geometría del Universo correspondería entonces a un sistema descrito en origen por el matemático ruso Nikolai Ivanovich Lobachevski [2] (1793-1856) en el año 1829.

El Universo riemanniano difiere del euclidiano y del lobachevskiano en que es finito. Un rayo de luz que viaje a través de un Universo riemanniano se curvaría y regresaría a su punto de partida. Podrá seguir viajando sin fin, pero sólo a costa de repetir una y otra vez su recorrido, como ocurría en el ejemplo del periplo a lo largo del ecuador terrestre. Dicho con otras palabras, el Universo riemanniano es finito pero ilimitado.

¿Cómo haremos para elegir entre estas tres posibilidades? Si fuésemos capaces de hacer que un rayo de luz viajase una distancia suficientemente larga, quizá podríamos comprobar si efectivamente la trayectoria era recta, o si se desviaba de la línea recta, ya fuese de una manera riemanniana o lobachevskiana. El Universo se aparta tan poco del prototipo euclidiano (suponiendo que se aparte siquiera) que sería muy difícil trabajar con un rayo de luz lo bastante prolongado como para servir a este propósito. Y lo que es peor: nuestra busca en pos de la «rectitud» se vería obstaculizada por el hecho de que nuestro criterio de rectitud es la propia luz.

En efecto, si tenemos una larga regla graduada y queremos saber si es recta o no, podemos sostenerla en prolongación con uno de los ojos y mirar a lo largo de ella. Si la regla no es recta, observaremos que ésta se hunde en ciertos lugares por debajo de la línea visual, o que sobresale por encima de ella, o que se curva a un lado o a otro; de este modo, es posible detectar al instante desviaciones mínimas. Pero lo que estamos haciendo en este caso es suponer que los rayos de luz viajan en líneas completamente rectas. Esta hipótesis relativa a la rectitud de la luz es tan absoluta que cuando la luz se refleja o se refracta, nada podrá convencer a nuestro sentido de la vista de que la rectitud ha sido violada: nos vemos *detrás* del espejo; tenemos la sensación de que un bastón sumergido en el agua se dobla bruscamente en el punto de contacto con la superficie, etc.

La decisión entre los posibles Universos hay que tomarla, por consiguiente, de un modo más indirecto. Einstein eligió el Universo riemanniano y para 1917 había deducido ya sus consecuencias, tratando de hallar alguna que se apartase sensiblemente de las correspondientes euclidianas o lobachevskianas. (Esto cabe considerarlo como el comienzo de la moderna ciencia de la cosmología.) Einstein demostró, por ejemplo, que en un Universo riemanniano la luz perdería energía al desplazarse contra la fuerza de un campo gravitatorio: el «desvío de Einstein» que este físico predijo fue detectado en la luz radiada por Sirio B (véase pág. 222). Asimismo predijo que los rayos luminosos se curvarían al pasar junto a un objeto masivo, con lo cual parecería que las estrellas cambian ligeramente de posición cuando la luz emitida por ellas pasa al lado del Sol. Durante el eclipse total de 1919 se midió la posición de las estrellas «cercanas» al Sol, comparándola luego con la posición que ocupaban cuando el Sol no se hallaba cerca, y de nuevo se comprobó que Einstein tenía razón. La teoría general de la relatividad de Einstein ha salido airosa de todas las pruebas a las que ha sido sometida. No existe una sola observación que la contradiga abiertamente. Hoy día los astrónomos aceptan con carácter general que el Universo en conjunto obedece a una geometría riemanniana, aun cuando esta geometría se desvía tan poco de la euclidiana que en condiciones ordinarias la geometría euclidiana resulta perfectamente satisfactoria.

Por otra parte, Einstein concebía este universo riemanniano como estático, es decir, que no experimentaba cambios globales. Sus componentes individuales se mueven de un lado para otro, pero si fuese posible distribuir uniformemente toda la materia, su densidad global permanecería constante. Toda vez que, según la concepción de Einstein, la curvatura del Universo (la medida en que era riemanniano) dependía de la densidad, un rayo de luz libre de toda influencia exterior viajaría en un círculo perfecto.

Sin embargo, el astrónomo holandés Willem de Sitter (1872-1934), que había sido uno de los primeros en aceptar la teoría de la relatividad, sugirió en 1917 otro diseño del Universo que también se ajustaba a las ecuaciones de campo de Einstein. Se trataba de un Universo vacío y en continua expansión, lo cual venía a significar que la curvatura del espacio se hacía cada vez menos marcada. El Universo era riemanniano, pero cada día se aproximaba más a uno de tipo euclidiano (límite que alcanzaría cuando la expansión se hiciese infinita). En el modelo del Universo de de Sitter, un rayo luminoso no seguiría una circunferencia, sino una espiral en continua expansión.

Por otra parte, supongamos que introdujésemos (mentalmente) dos partículas en el Universo en expansión de de Sitter. Las dos partículas se alejarían al instante y seguirían separándose a medida que el espacio que media entre ellas se fuese expandiendo más y más.

Si en vez de dos partículas dispersáramos un gran número de ellas a lo largo y a lo ancho de este Universo, la expansión general se traduciría en un aumento de la distancia entre cualesquiera dos partículas. Si la separación entre una partícula determinada y su vecina más próxima era de 1 año-luz al comienzo, dicha distancia sería de 2 años-luz al cabo de cierto tiempo, de 3 años-luz algo más tarde, etc.

Supongamos ahora que sobre una de esas partículas viaja un observador encargado de vigilar a las demás. En una dirección concreta habría, por ejemplo, una partícula a 1 año-luz de distancia, otra algo más allá a 2 años-luz, una tercera a 3 años-luz, etc. Al cabo de un siglo, pongamos por caso, la distancia entre cualesquiera dos partículas vecinas habrá aumentado hasta dos años-luz. Para entonces, nuestro observador, sentado en su partícula y mirando en la misma dirección que antes, vería que la partícula más cercana se halla a 2 años-luz, y así sucesivamente.

En ese caso, la partícula más próxima se ha movido de 1 año-luz a 2 años-luz, alejándose a una velocidad de 1 año-luz por siglo. La segunda partícula se ha movido de una distancia de 2 a otra de 4 años-luz, alejándose con una velocidad de 2 años-luz por siglo. La tercera se ha desplazado de 3 a 6 años-luz, alejándose a una velocidad de 3 años-luz por siglo.

Todas las partículas que ve el observador en una dirección particular se estarán alejando de él y además a una velocidad proporcional a su distancia. Naturalmente, esto es cierto cualquiera que sea la dirección en que se mire ¿Quiere decir esto que la partícula del observador sea una partícula especial? En absoluto, pues lo mismo ocurriría con cualquier otra. El efecto sería idéntico. Todas y cada una de las partículas de un universo de esta especie se estarán alejando *de todas y cada una de las demás partículas* con una velocidad proporcional a la distancia que separa a ambas.

Desde un punto de vista teórico, el Universo en expansión de de Sitter parecía bastante superior al Universo estático de Einstein. Esta superioridad se vio fortalecida aún más en 1922 a manos del astrónomo ruso Alexander Friedman, quien aplicó dicha teoría a un Universo no vacío. Más tarde, en el año 1930, Eddington consiguió demostrar que aun en el caso de que fuese lícito suponer que el Universo estático de Einstein existe, tal Universo sería inestable, igual que un cono colocado sobre su vértice. Si por cualquier razón se empezara a expander, aunque fuese muy ligeramente, seguiría expandiéndose indefinidamente; del mismo modo que si comenzara a contraerse, continuaría haciéndolo indefinidamente.

Cúmulos de galaxias

Así pues, la ley de Hubble parece indicar (en función del Universo real) que el modelo teórico de de Sitter de un Universo en expansión es correcto. Las galaxias se alejan unas de otras no porque cada una de ellas se encuentre en movimiento, sino debido a que el espacio en su totalidad se está expandiendo. Como resultado de esta expansión, la velocidad de recesión de una galaxia particular es proporcional a la distancia que la separa de nosotros. Por otra parte, el hecho de que nuestra Galaxia parezca constituir el punto central de esta fuga universal se debe únicamente a que observamos el Universo precisamente desde ese punto. Si nos encontráramos en la galaxia de Andrómeda, o en cualquier otra, observaríamos el mismo fenómeno, y la galaxia en que nos hallásemos parecería constituir el punto central.

Naturalmente, cabe ahora argüir que si el Universo se encuentra de hecho en proceso de expansión, entonces *todas* las galaxias, sin excepción, deberían alejarse de las demás, lo cual es casi cierto, pero no del todo, y con «casi cierto» no se gana ningún premio. Por ejemplo, la galaxia de Andrómeda no se aleja de nosotros, sino que se aproxima. Cierto que a una velocidad muy lenta, pero ello no quita para que se trate de un movimiento de aproximación. Esto parece dar al traste con la idea de un Universo en expansión.

En realidad no es así. Al presentar un modelo del Universo, por fuerza hay que hacer hipótesis simplificadoras, pues de otro modo las complejidades del modelo adquieren tales proporciones que impiden analizarlas o describirlas. En el modelo de de Sitter, por ejemplo, se supone que las partículas de prueba no ejercen ninguna fuerza mutua, sino que se dejan arrastrar por el movimiento expansivo del Universo sin oponer resistencia.

Pero en realidad esto no es así. En el Universo existen fuerzas de gran alcance capaces de hacerse notar a grandes distancias en el momento que se introduce la materia. Estas fuerzas que actúan a grandes distancias son de dos tipos. Existen campos electromagnéticos y campos gravitatorios. El campo electromagnético da origen a fuerzas de dos clases: una atractiva y otra repulsiva; a gran escala ambos efectos se compensan. Así pues, es posible ignorar el campo electromagnético cuando nos ocupemos del Universo en su totalidad.

No sucede lo mismo con el campo gravitatorio. Este da lugar a un único tipo de fuerza, que es atractiva. Dos objetos cualesquiera localizados en el Universo —incluso en un Universo en expansión— se atraen mutuamente [3]. Cuanto más próximos se hallen, tanto más fuerte será la atracción gravitatoria mutua y tanto más probable será que los dos se aferren uno al otro, por así decirlo, en contra de la influencia disgregadora de la expansión del Universo.

El Universo en expansión no separa, por ejemplo, los distintos componentes del sistema solar, ni aleja unas de otras las diversas estrellas de una misma galaxia. Dicha expansión no bastará tampoco para separar a dos o más galaxias que se hallen suficientemente próximas unas de otras para estar atrapadas en las redes de un campo gravitatorio mutuo suficientemente fuerte.

En resumen, las «partículas independientes» que se disgregan en un Universo en expansión no son necesariamente, en nuestro Universo real, galaxias individuales, sino grupos particulares o cúmulos de galaxias.

No cabe duda que tales cúmulos existen. Se conocen varios casos en que dos o más galaxias interaccionan de un modo patente, están encerradas dentro de halos comunes o se hallan conectadas por medio de hilos luminosos. La causa de la interacción puede ser gravitatoria o electromagnética, pero el caso es que tal interacción existe; en consecuencia, resulta muy lógico tratar esas galaxias como una unidad, hablando desde el punto de vista general del Universo.

Nuestra propia Galaxia tiene firmemente en su puño, en calidad de galaxias satélites, a las dos Nubes de Magallanes (existen pruebas incluso de que entre éstas y nuestra Galaxia flotan minúsculas briznas de gas) y no es probable que estas Nubes se vean separadas de nosotros como resultado de la expansión del Universo. De igual modo, la galaxia de Andrómeda (M31) posee dos pequeñas galaxias (M31 y M33) en calidad de satélites.

Dando un paso más es posible considerar la galaxia de Androméda y la nuestra propia como los dos miembros gigantes de un grupo compuesto en total por unos doce miembros. Este grupo es el denominado «Grupo Local», y no cabe duda que mantendrá su identidad —al menos durante un período bastante largo— en contra de la fuerza expansiva del Universo.

Los movimientos de las galaxias del Grupo Local no reflejan la expansión general del Universo, sino más bien

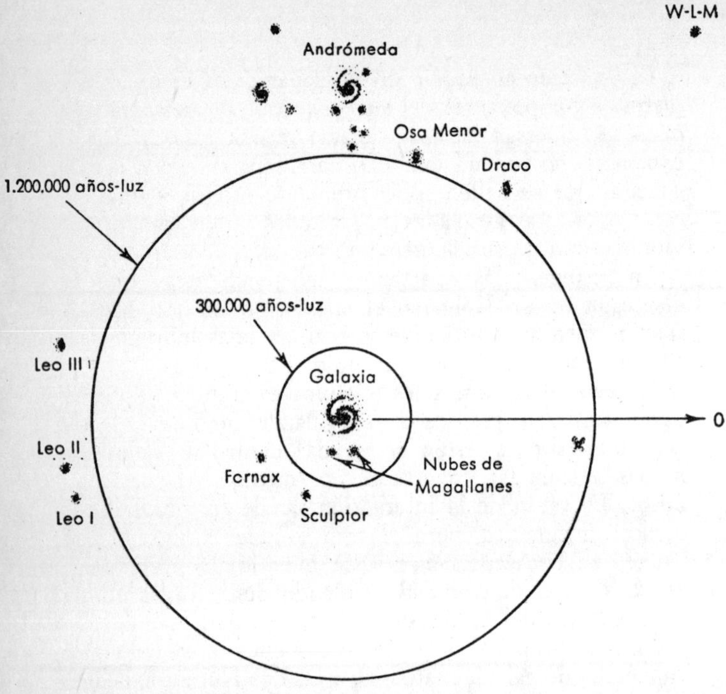

Fig. 28.—*Grupo local.*

las fuerzas gravitatorias locales. Esta es la razón de que la galaxia de Andrómeda se aproxime (al menos hasta ahora) hacia nosotros.

El número de cúmulos de galaxias visibles en el cielo asciende a centenares. Y se trata evidentemente de cúmulos porque los distintos miembros se hallan muy cerca unos de otros en el espacio y porque todos los miembros mayores exhiben una luminosidad similar. Algunos cúmulos son enormes. Existe uno en la constelación Coma Berenices, a una distancia de 120.000.000 de años-luz aproximadamente, que está compuesto de unas 10.000 galaxias.

Tales cúmulos resultan de extrema utilidad a la hora

de estimar distancias. Si se estudian las galaxias una a una, no es del todo lícito suponer que el grado de tenuidad viene determinado exclusivamente por la distancia, pues existen galaxias gigantes y galaxias enanas, igual que existen estrellas gigantes y estrellas enanas. La galaxia de Andrómeda y sus dos galaxias satélites se encuentran a la misma distancia de nosotros, y sin embargo la primera es mucho más brillante que cualquiera de las segundas, debido sencillamente a que aquélla es una gigante mientras que éstas son enanas.

Cabría argüir, desde luego, que a la larga tales diferencias de tamaño se compensan y que, considerando la situación de un modo global y desde un punto de vista estadístico no demasiado severo, la tenuidad puede tomarse como proporcional a la distancia. Esto es cierto, pero como consecuencia de ello la ecuación general tenuidad-distancia se ve afectada entonces de irregularidades.

En cambio, tratándose de cúmulos se puede suponer que los miembros más brillantes son galaxias gigantes equivalentes a la de Andrómeda o a la nuestra propia, y que, por consiguiente, poseen una luminosidad total equiparable a una magnitud absoluta de -19 ó -20. Seguirá existiendo la posibilidad de que surjan diferencias o irregularidades entre un cúmulo y otro, pero, según la opinión de los astrónomos, éstas serán mucho más pequeñas que las que aparecerían si se trabajara con galaxias individuales.

Así pues, los astrónomos estiman más seguro juzgar la distancia de los cúmulos de galaxias a partir únicamente de la tenuidad, pasando luego a comparar dicha distancia con el valor del desvío hacia el rojo con el fin de comprobar si la ley de Hubble se cumple (de hecho se cumple). Haciendo uso de este método se ha estimado que cierto cúmulo de galaxias localizado en la constelación Virgo se encuentra quince veces más alejado que la galaxia de Andrómeda; otros cúmulos se hallan a una distancia casi mil veces superior a la de Andrómeda.

14. El Universo observable

De nuevo la paradoja de Olbers

La escala del Universo es tan descomunal que a su lado empalidece incluso la distancia de las galaxias más próximas, tal como la de Andrómeda. Cuando se determinó por primera vez la distancia de la galaxia de Andrómeda y empezaron a barajarse cifras de «cientos de miles de años-luz», parecía que la imaginación no podía ya dar más de sí. Sin embargo, al cabo de una década, más o menos, hubo que convencerse de que Andrómeda se hallaba, como quien dice, a la vuelta de la esquina. Tanto es así que forma parte, como ya hemos dicho, del Grupo Local, de un sistema al cual también nosotros pertenecemos.

De nuevo nos vemos obligados a preguntarnos dónde está el fin. Una y otra vez el hombre se ha visto precisado a ampliar su visión del Universo con el fin de dar cabida a grupos cada vez mayores. Alrededor de una estrella se agrupan pequeños objetos no luminosos para formar un sistema planetario. Las estrellas se apiñan a su vez para constituir un sistema multiestelar simple, o cúmulos abiertos de mayor tamaño, o incluso cúmulos globulares aún más grandes, o bien galaxias que superan en magnitud a todos los anteriores. Las galaxias se agrupan para formar cúmulos de galaxias. ¿Es posible que éstos se asocien a un nivel todavía superior y formen lo que cabría llamar cúmulos de cúmulos de galaxias? De Vaucouleurs opina que ello es posible, que hay indicios de que acaso exista una «supergalaxia» de la cual el Grupo Local no constituya sino una pieza muy pequeña. Si el análisis de este astrónomo es correcto, significaría que nos encontramos a decenas de millones de años-luz del centro de dicha supergalaxia; y más allá de ésta, en cualquier dirección, existirían otras supergalaxias.

¿Y no podría haber cúmulos de supergalaxias y cúmulos de cúmulos de supergalaxias, etc.? ¿Dónde estaría el límite? ¿Tiene que existir necesariamente un fin? ¿No será que nos encontramos ante un Universo infinito? Un sistema tal compuesto por una secuencia interminable de cúmulos de cúmulos recibe el nombre de «Universo jerarquía» y fue sugerido en origen por el astrónomo sueco Carl Wilhelm Ludwig Charlier (1862-1934).

Ahora bien, no olvidemos que si aceptamos la teoría de la relatividad de Einstein, entonces su Universo riemanniano debe tener un volumen finito. Aun hallándose en proceso de expansión, ese volumen finito que se halla en continuo crecimiento tiene que permanecer finito.

Y sin embargo, a veces se argumenta que aunque el Universo posea un volumen finito, podría ser capaz de albergar un número infinito de galaxias. En ese caso, el sistema de cúmulos de cúmulos de cúmulos de cúmulos de galaxias puede continuar, sin tasa, adquiriendo un grado cada vez mayor de complejidad.

Pero si estamos dispuestos a considerar la posibilidad de un número infinito de galaxias, ¿no desembocaremos de nuevo en la paradoja de Olbers? (véase pág. 66). La existencia de un número infinito de galaxias en cualquier dirección ¿no suministraría a la Tierra una cantidad infinita de luz? Y el hecho de que la Tierra no recibe una cantidad infinita de luz ¿no significa que el número de galaxias tiene que ser finito?

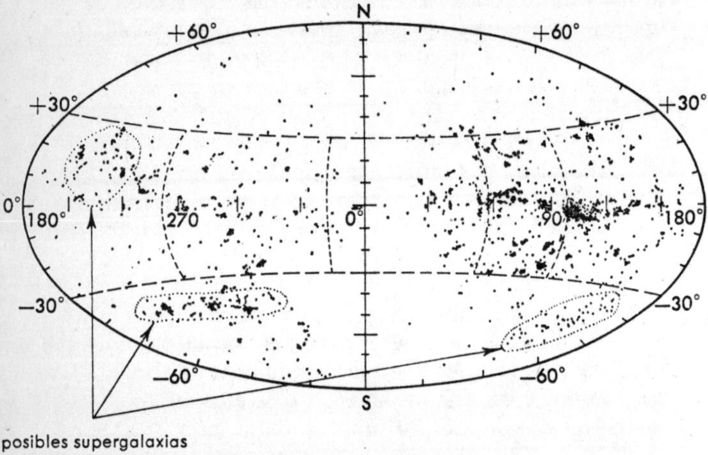

Fig. 29.—*Supergalaxias.*

En efecto, *si* el Universo riemanniano fuese estático, como sugiriera Einstein en principio, habría que concluir que el número de galaxias es finito. En un Universo estático, el razonamiento que más adelante expondremos en favor de la posibilidad de un número infinito de galaxias no sería válido. En un Universo de esas características, tanto el volumen como el número de galaxias serían finitos y la paradoja de Olbers no plantearía ningún problema.

Mas, al parecer, vivimos en un Universo en expansión, y en él sí *puede* valer el argumento que aboga por un número infinito de galaxias. ¿Qué hacer entonces? ¿Cómo nos deshacemos del maleficio de la paradoja de Olbers?

En un Universo en expansión en el que las galaxias se alejan constantemente unas de otras existe un nuevo factor a tener en cuenta, un factor que se hallaría ausente si el Universo fuese estático y las galaxias se mantuvieran a distancias constantes (por término medio). Ese nuevo factor es el desvío hacia el rojo.

En un Universo en expansión, la luz emitida por las galaxias se debilita y atenúa por causa del desvío hacia el rojo. Cuanto más lejana es la galaxia, tanto mayor es dicho desvío y tanto más pronunciado es el debilitamiento de la energía total de radiación que llega hasta nosotros.

Teniendo en cuenta este debilitamiento constante de la radiación que llega hasta nosotros desde distancias cada vez más grandes, se puede demostrar que la cantidad total de radiación que incide sobre la Tierra tiende a cierto valor finito, que, por lo demás, tampoco es excesivamente grande, aun en la hipótesis de que el número de galaxias sea infinitamente grande. La paradoja de Olbers no constituye obstáculo alguno para el Universo infinito (la infinitud se refiere aquí al número de galaxias) siempre que dicho Universo se encuentre en expansión.

Esto quizá suene imposible. El lector dirá que si cada una de las galaxias de un conjunto infinito contribuye con su granito de radiación, la suma total tendrá que ser infinita, independientemente de la pequeñez de esa contribución. Esto equivale a decir que la suma de una serie infinita de números tiene que ser infinita, por pequeños que sean los números de la serie.

Razonamiento que seguramente parece muy lógico, pero que no deja de ser erróneo, como puede demostrarse fácilmente.

Consideremos la siguiente sucesión de números: 1, 1/2, 1/4, 1/8, 1/16, 1/32, 1/64... Cada número es la mitad del anterior, y la serie está compuesta de un número infinito de elementos. Por muchos términos que escribamos, la serie se puede prolongar aún más escribiendo la mitad del último número, luego la mitad de éste, etc.

Cabría suponer entonces que la suma de una serie infinita como ésta ha de ser infinita; pero intentémoslo. El primer número por sí sólo es 1; la suma de los dos primeros números es 1 ½; la suma de los tres primeros es 1 ¾; la suma de los cuatro primeros es 1 ⅞. Continuando esta secuencia de sumas, el lector se convencerá bien pronto de que aunque la suma aumenta continuamente a medida que se añaden más y más miembros, nunca llega a 2. Se acerca cada vez más al valor, pero no llega a alcanzarlo. Se dice que la suma de la serie $1+1/2+1/4+1/8+1/16+1/32+1/64+\ldots$ *tiende* a 2. Este es un ejemplo de una «serie convergente»: una serie con un número infinito de términos, pero cuya suma es finita.

En la descripción original de la paradoja de Olbers señalamos que en el caso de un Universo infinito del tipo que Olbers concebía, cada una de las capas del espacio suministra a la Tierra una cantidad igual de luz. Si la luz proveniente de una de las capas se toma igual a 1, entonces la luz total de todas las capas es $1+1+1+1\ldots$ y así sucesivamente hasta siempre. Esta es una «serie divergente» y su suma es infinita. Esta suma infinita constituye precisamente el meollo de la paradoja.

Ahora bien, si tenemos en cuenta el desvío al rojo, vemos que cada capa (progresando de dentro afuera) suministra menos luz que la anterior. La serie correspondiente converge y proporciona una suma finita. En el Universo riemanniano de Einstein podemos olvidarnos de la paradoja de Olbers, pues no supone ningún problema.

Mas ahora se plantea otra cuestión. Si estamos dispuestos a considerar el desvío hacia el rojo y el consiguiente debilitamiento progresivo de la energía de radiación de galaxias cada vez más distantes, deberemos preguntarnos, no qué tamaño tiene el Universo, sino qué porción de él nos es dado observar.

El hombre ha dado por supuesto que perfeccionando sus instrumentos y refinando sus técnicas —es decir, si construye telescopios mayores y espectroscopios más perfectos y cámaras fotográficas más delicadas— estará en condiciones de escudriñar lugares cada vez más recónditos del espacio. Pero ¿es cierto esto? Si la radiación de las lejanas galaxias se atenúa progresivamente, ¿no existirá un punto a partir del cual la radiación se debilite tanto que ningún instrumento, por muy próximo que se halle a la perfección, pueda detectarla?

Si tal punto existiera, el tamaño del Universo que nos es dado observar poseería, en principio, un límite; algo así como una frontera exterior más allá de la cual sería imposible escrutar. Esta frontera acotaría lo que cabe denominar el «Universo observable».

Con el fin de averiguar si tal límite inviolable existe y dónde podría estar localizado, volvamos a la ley de Hubble.

La constante de Hubble

La ley de Hubble afirma que la velocidad de recesión de una galaxia es directamente proporcional a la distancia que la separa de nosotros. Quiere decirse que si multiplicamos dicha distancia por cierta cantidad (la «constante de Hubble»), el producto será igual a la velocidad de recesión.

Expresemos la distancia en millones de años-luz y llamémosla D. La velocidad de recesión podemos representarla en kilómetros por segundo y llamarla V. Por último, sea k la constante de proporcionalidad. La ley de Hubble se puede expresar entonces de la manera siguiente:

$$V = kD,$$

donde kD es el modo matemático de decir que hay que multiplicar k por D.

Puesto que todo depende del valor de k, transformemos la ecuación anterior, utilizando técnicas algebraicas muy simples:

$$k = V/D,$$

lo cual nos dice que k debe ser igual a la velocidad de recesión de una galaxia (en kilómetros por segundo) dividida por su distancia (en millones de años-luz). El valor de k se podrá obtener siempre que dispongamos de datos precisos y fiables para la distancia y la velocidad de recesión de una sola galaxia o grupo de galaxias. Si

Hubble está en lo cierto, el valor de *k* así obtenido será válido para todas las galaxias.

Consideremos, por ejemplo, el cúmulo de Virgo. El desvío hacia el rojo de sus componentes revela que dicho cúmulo se aleja de nosotros a una velocidad de 1.142 kilómetros por segundo. Comparando el brillo de las galaxias más brillantes del cúmulo con el de la galaxia de Andrómeda, llegamos a la conclusión de que aquél se halla 16,5 veces más alejado que Andrómeda. Por consiguiente, si la galaxia de Andrómeda se encuentra a 800.000 años-luz de nosotros (de acuerdo con la relación período-luminosidad de las Cefeidas; véase pág. 83), el cúmulo de Virgo tiene que hallarse a 16,5×800.000 ó 13.000.000 de años-luz de distancia, aproximadamente.

Para hallar ahora el valor de *k,* tenemos que dividir la velocidad de recesión de Virgo (en kilómetros por segundo) por la distancia que lo separa de nosotros (en millones de años-luz). El resultado es $k=1142/13$, o aproximadamente 88.

Así pues, cabe esperar que una galaxia que se halle a 1.000.000 de años-luz de distancia se aleje de nosotros a una velocidad de 88 km. por segundo; que otra que se encuentre a 2.000.000 de años-luz huya de nosotros a 176 km. por segundo; que una tercera que se halle a 10.000.000 de años-luz se aleje a 880 km. por segundo, etcétera.

¿Tendrá este proceso algún límite, suponiendo, claro está, que la ley de Hubble sea exacta para cualquier distancia? Desde el punto de vista matemático no existe límite alguno. Una galaxia que se encuentre a 1.000 millones de años-luz se alejaría a una velocidad de 88.000 kilómetros por segundo; otra que se halle a 1.000.000 de millones de años-luz retrocedería a 88.000.000 de kilómetros por segundo, y así sucesivamente.

Ahora bien, desde el punto de vista físico *sí* hay un límite. La «teoría especial de la relatividad» de Einstein (propuesta en 1905, diez años antes que la teoría general, más comprehensiva que aquélla) exige suponer que la máxima velocidad que se puede medir en relación con uno mismo es la velocidad de la luz en el vacío, la cual equivale a 229.776 km. por segundo.

Existe una distancia determinada a la cual cualquier galaxia tiene que alejarse de nosotros con una velocidad igual a la que acabamos de indicar; según el punto de vista de la relatividad, esa distancia representa un límite absoluto e insuperable. Es imposible trabajar con ningún objeto que se mueva más deprisa que la luz en el vacío, y por consiguiente con ninguno que se halle a una distancia superior a ese límite.

Cabría aducir toda clase de argumentos acerca de si existen o no galaxias más allá de este límite, pero no harían al caso: es absolutamente indiferente que existan o no. Pues el quid de la cuestión es que una vez que alcanzamos un punto del espacio tan alejado de nosotros que una galaxia situada allí retroceda a una velocidad igual a la de la luz en el vacío, la luz de dicha galaxia no podrá llegar hasta nosotros. El efecto Doppler-Fizeau estira infinitamente cada una de las longitudes de onda y reduce por tanto su energía a cero. Nada puede llegar hasta nosotros desde una galaxia tan distante. Ni luz, ni radiación de ninguna clase, ni neutrinos, ni influencia gravitatoria. *Nada.*

Aun en el caso de que fuese posible concebir algún objeto más allá de este límite de distancia, sería algo que jamás lograríamos detectar, y no por causa de la imperfección de nuestros instrumentos, sino debido a la naturaleza y estructura del Universo. En consecuencia, podemos ahorrarnos el hablar de un Universo de dimensiones infinitas. Lo que sí requiere consideración es el Universo *observable,* finito tanto en diámetro como en volumen.

Sólo queda por averiguar el diámetro de ese Universo *observable.* Para ello, partamos de la ecuación matemática que representa la ley de Hubble, $V=kD$, y despejemos D (distancia a nosotros). La ecuación se transforma en la siguiente:

$$D=V/k$$

Lo que buscamos es la distancia correspondiente a una

velocidad de recesión igual a la velocidad de la luz. Igualamos, por tanto, *V* a la velocidad de la luz (299.776 kilómetros por segundo) y sustituimos *k* por 88, que es su valor. *D* (en millones de años-luz) equivale entonces a 299.776/88 ó 3.400. Esto significa que el límite del Universo observable se halla a 3.400 millones de años-luz de nosotros en todas direcciones.

Expresando lo mismo de un modo más conciso: el Universo observable es, en apariencia, una esfera con centro en nosotros mismos y un radio de 3.400 millones de años-luz (o un diámetro de 6.800 años-luz). Así pues, de acuerdo con este análisis el límite del Universo observable se encuentra 4.250 veces más alejado de nosotros que la galaxia de Andrómeda.

Dimensiones descomunales, no cabe duda, y que parecen ciertamente constituir un clímax satisfactorio para esa larga búsqueda del hombre en pos de los límites del Universo, búsqueda que se abrió con la consideración del horizonte terrestre a pocos kilómetros de distancia.

Y sin embargo, había problemas. Algo no funcionaba en la escala del Universo tal y como fue calculada hacia los años cuarenta basándose en la constante de Hubble.

Revisión de la escala Cefeida

Las distancias calculadas para las galaxias muy lejanas estaban basadas en la comparación de su brillo aparente con el de las más próximas, cuya distancia, a su vez, había sido determinada mediante la escala Cefeida. Y de entre los valores calculados para las más cercanas, el que parecía más cierto y fiable era el correspondiente a la galaxia de Andrómeda. Si la distancia de Andrómeda era errónea, entonces todas las distancias estarían equivocadas: la escala entera del Universo sería falsa.

Hacia 1950 empezó a tomar cuerpo la molesta impresión de que el cálculo de la distancia de la galaxia de Andrómeda escondía efectivamente un error. Si Andrómeda se hallaba a 800.000 años-luz, como parecía indicar la escala Cefeida, entonces surgían ciertas peculiaridades. Por una parte, la galaxia de Andrómeda parecía poseer un tamaño bastante menor que el de nuestra Galaxia: una cuarta parte del de ésta, aproximadamente. Este hecho en sí no constituía ningún crimen, pero lo cierto es que todas las galaxias cuyo tamaño fue posible determinar parecían ser notablemente más pequeñas que nuestra Galaxia.

Cabría replicar que alguna galaxia tenía que ser mayor que las demás, y que da la casualidad de que nosotros vivimos en ella. Y sin embargo, ¿qué razón había para que nuestra Galaxia fuese *mucho más* grande que las demás?

Sea cual fuere el proceso en virtud del cual se formaron las galaxias, el hecho es que resultó una gama muy amplia de tamaños. Era indiscutible que la Galaxia poseía un tamaño mucho mayor que el de las Nubes de Magallanes, o que la galaxia de Andrómeda era mucho más grande que sus satélites, M32 y M33. Pero cualquier porción de dicha gama estaba representada por numerosos ejemplares; no había una sola galaxia que fuese única en cuanto al tamaño, en ninguno de los dos extremos de la escala... excepto la nuestra. Allí estaba nuestra Galaxia, sola, con un tamaño mucho mayor que el resto.

Además, nuestra Galaxia no poseía la forma idónea para ser tan grande. Siempre que había ocasión de comparar entre sí directamente varias galaxias, eran las elípticas —en particular las esferoidales clasificadas como E0—, las gigantes. ¿A qué se debía que la más grande de todas, nuestra Galaxia, fuese una espiral?

Pero había algo peor aún, y es que aparte de que nuestra Galaxia superaba en tamaño a todas las demás, sus elementos componentes eran también mayores y más brillantes que los elementos semejantes de otras galaxias, como por ejemplo la de Andrómeda.

La galaxia de Andrómeda posee un halo de cúmulos globulares alrededor de su centro, igual que nuestra Galaxia (véase pág. 88). El número de cúmulos globulares, su aspecto y su distribución son muy similares en ambos casos. Mas si tomamos, por ejemplo, el brillo aparente de los distintos cúmulos globulares de Andrómeda y calculamos su luminosidad real suponiendo que se encuentran a 800.000 años-luz, resulta que esta magnitud es, por término medio, un cuarto de la luminosidad de nuestros cúmulos globulares, y su diámetro aproximadamente la mitad. Incluso las estrellas como entes individuales muestran el mismo efecto. Las novas ordinarias que han aparecido en Andrómeda alcanzaron una luminosidad notablemente menor que las que aparecen en nuestra Galaxia (trabajando siempre con la hipótesis de una distancia de 800.000 años-luz).

Suponer que nuestra Galaxia no sólo es una gigante dentro de su clase, sino que está compuesta de cúmulos globulares que son gigantes entre los de su especie y de estrellas que también son gigantes entre las estrellas, era pedir demasiado. Parecía casi como si estuviéramos mirando la galaxia de Andrómeda (y, por ende, todas las demás galaxias) a través de una lente de disminución que reducía todo de tamaño. Dado que todo cuanto estaba relacionado con la galaxia de Andrómeda había sido determinado sobre la base de la distancia de aquélla, era inevitable preguntarse si dicha distancia no sería errónea. Y puesto que dicha distancia, tal y como se aceptaba en 1950, dependía a su vez de la escala Cefeida, no había más remedio que poner también en tela de juicio dicha escala.

En los primeros años de la década de 1950-59 Baade centró su atención en este problema, razonando que las estrellas de las Nubes de Magallanes y de los cúmulos globulares de nuestra propia Galaxia eran estrellas de la Población II (véase pág. 249), por lo general más pequeñas y más estables que las de la Población I. Así pues, habían sido Cefeidas de la Población II lo que en origen se había utilizado para establecer la ley período-luminosidad y lo que había servido para determinar la escala de nuestra Galaxia y la distancia de las Nubes de Magallanes.

Sin embargo, las Cefeidas que se habían utilizado para

determinar la distancia de la galaxia de Andrómeda (y, por consiguiente, de un modo indirecto todas las galaxias lejanas) pertenecían a los brazos espirales de Andrómeda, debido a que eran precisamente los miembros gigantes blanco-azulados de entre las estrellas de la Población I de dichos brazos los que, a la enorme distancia a que se halla Andrómeda, resultaban más visibles. ¿No sería que las Cefeidas de la Población I de los brazos espirales de Andrómeda no seguían la ley período-luminosidad por la que se regían las Cefeidas de la Población II y con la cual habían trabajado Leavitt y Shapley?

La diferencia entre ambos tipos de Cefeidas parecía ciertamente notable. Entre las Cefeidas de la Población II figuraban muchas con períodos especialmente breves (entre una hora y media y un día); tales períodos eran muy raros entre las Cefeidas de la Población I, cuyos períodos solían oscilar entre varios días y varias semanas. En segundo lugar, las Cefeidas de la Población II eran, en términos generales, más pequeñas y tenues que las de la Población I. Esta segunda diferencia quedaba enmascarada por el hecho de que en nuestra Galaxia las Cefeidas de la Población I, localizadas como estaban en medio del polvo de los brazos espirales, sufrían cierto enrojecimiento y atenuamiento a manos del polvo interestelar, efecto que no había sido tenido debidamente en cuenta.

Las Cefeidas de la Población II poseen, en efecto, un nombre especial debido a la notoriedad de sus propiedades en relación con las de otras variables. Son las «estrellas RR Lyrae», nombre que proviene de RR Lyrae, la primera (y casi la más brillante) variable de este tipo que se estudió. Dado que las estrellas RR Lyrae se observan por lo común en los cúmulos globulares, a veces se las denomina «variables tipo cúmulo».

Baade estudió detenidamente y por separado las Cefeidas de la Población I y las de la Población II, y en septiembre de 1952 anunció que la ley período-luminosidad, tal y como había sido establecida por Leavitt y Shapley, sólo era aplicable a la variedad de la Población II. Así pues, la distancia de las Nubes de Magallanes y las dimensiones de nuestra Galaxia eran correctas. Las Cefeidas de la Población I, sin embargo, obedecían una relación algo diferente, y para una periodicidad dada eran una o dos magnitudes más brillantes de lo que cabría esperar a partir de la relación ordinaria utilizada por Shapley.

Veamos lo que esto significa. Supongamos que se observa una lejana Cefeida con un período que corresponde a una magnitud absoluta de -1. Esto quiere decir que si la estrella estuviera situada a 32,5 años-luz (10 parsecs) de nosotros, parecería tener una magnitud de -1. Para que su magnitud se reduzca desde -1 hasta la magnitud real (alrededor de 20) tendría que distar 24.000 veces más que 32,5 años-luz, es decir, 800.000 años-luz.

Mas supóngase que, utilizando la nueva escala período-luminosidad que Baade dio para las Cefeidas de la Población I, resultara que la Cefeida en cuestión tuviera una magnitud de -3 en vez de -1. En ese caso su brillo sería más de seis veces superior a lo que se había pensado. Con el fin de reducir esta estrella «seis veces más brillante» hasta una magnitud de 20 aproximadamente, haría falta que estuviera situada, por tanto, mucho más lejos: 58.000 veces 32,5 años-luz, es decir, casi 2.000.000 de años-luz.

Utilizando la escala Cefeida revisada y añadiendo algunos detalles adicionales que, al parecer, es preciso introducir, se estima hoy que la galaxia de Andrómeda se halla a unos 2.700.000 años-luz. Todas las galaxias más allá de la de Andrómeda sufrirían además un desplazamiento correspondiente.

Esto eliminaba de golpe ese privilegio de unicidad que parecía ostentar nuestra Galaxia. Si Andrómeda, hallándose a 2.700.000 años-luz (en vez de 800.000), exhibe a pesar de ello el tamaño y el brillo que de hecho se observan al telescopio, por fuerza tiene que ser mucho más grande y más brillante de lo que se había supuesto antaño, en los días en que aún se aceptaba esa otra distancia más corta.

En la actualidad se opina que la galaxia de Andrómeda

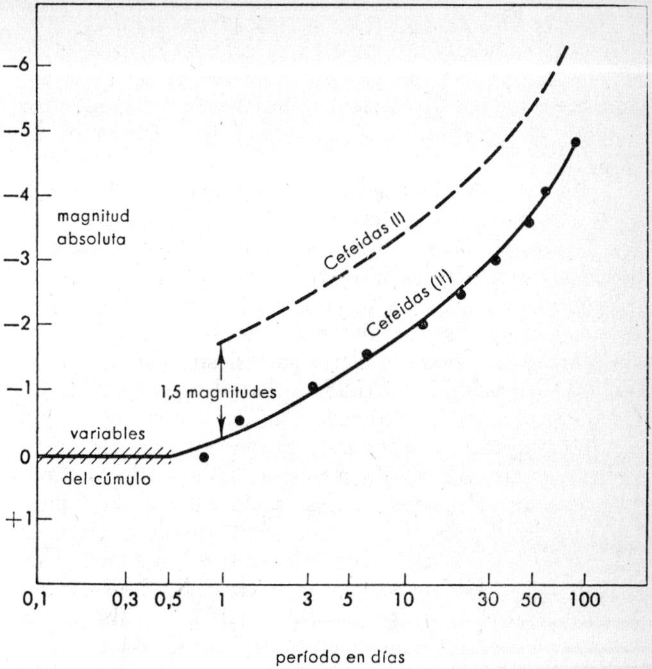

Fig. 30.—*Las dos poblaciones de Cefeidas.*

es algo *mayor* que nuestra Galaxia. Andrómeda tiene un diámetro de 200.000 años-luz y abarca hasta 300.000 millones de estrellas. Por otra parte, hoy día se sabe que sus cúmulos globulares (más lejanos de lo que se creía) son también mayores y más brillantes de lo que se había supuesto; en efecto, son tan grandes y brillantes como los de nuestra Galaxia. Las novas de Andrómeda son, asimismo, similares a las nuestras en lo que toca a tamaño y a brillo. Finalmente se ha comprobado que todas las demás galaxias son también más grandes y brillantes de lo que antes se creía; muchas de las espirales rivalizan en tamaño con nuestra Galaxia e incluso cabe que algunas de las esferoidales sean de diez a treinta veces más grandes que ella.

Nuestra Galaxia sigue siendo una galaxia gigante, pero ya no es ese monstruo único en su especie. La galaxia de la Vía Láctea, con sus 135 mil millones de estrellas, encaja bien en un Universo compuesto de galaxias cuyo número de estrellas oscila entre 10 y 5.000 miles de millones.

Toda vez que esta nueva escala de distancias ha eliminado del escenario galáctico las peculiaridades más graves, los astrónomos confían en haber hallado por fin la escala correcta. En los años transcurridos desde la corrección de Baade nada ha venido, ciertamente, a perturbar esta esperanza. Es más, desde su muerte en 1960, diversos astrónomos —como el ruso-americano Sergei Illariónovich Gaposchkin (n. 1898)— han seguido analizando las fotografías de Andrómeda tomadas con el telescopio de 200 pulgadas, confirmando plenamente su trabajo.

La nueva escala de distancias no ha afectado, naturalmente, a los cálculos de la desviación hacia el rojo, pues son independientes de la distancia. El cúmulo de galaxias de Virgo seguirá alejándose de nosotros a una velocidad de 1.142 kilómetros por segundo cualquiera que sea la distancia que le asignemos. A partir del brillo de sus miembros más brillantes, y comparándolo con el de la galaxia de Andrómeda, se comprueba que dicho cúmulo sigue hallándose 16,5 veces más alejado que aquélla.

Pero una vez que se triplica la distancia de Andrómeda, también es preciso triplicar la distancia del cúmulo de Virgo. Por tanto, debemos situarlo a unos 2.300.000 ×16,5 ó 38.000.000 de años-luz, en vez de sólo 13.000.000.

Para determinar la constante de Hubble lo que hicimos fue dividir la velocidad de recesión de una galaxia o cúmulo de galaxias por el número de millones de años-luz que distaba de nosotros. En vez de dividir 1.142 por 13 debemos dividirlo ahora por 38, de suerte que la constante de Hubble equivale a 30, en lugar de a 88. Si esta cifra peca de algo, probablemente será por defecto. Establezcamos, pues, el valor de la constante de Hubble en 24.

Con el fin de determinar la distancia a la cual tiene que hallarse una galaxia para alejarse a la velocidad de la luz, recurramos de nuevo a la ecuación $D=V/k$, igualando V a 299.776, y k ahora a 24. El resultado es que D vale 12.500, con lo cual podemos decir que una galaxia situada a una distancia de 12.500 millones de años-luz no puede ser ya detectada. Este es el límite del Universo observable, o «radio de Hubble».

Expresando lo mismo con otras palabras, podemos decir que el diámetro de la esfera del Universo observable (con nosotros mismos en el centro) es de 25.000 millones de años-luz: un diámetro casi cuatro veces superior al que se admitía como correcto todavía en 1950.

15. El origen del Universo

El «Big Bang»

El cambio sufrido por la escala de distancias del Universo no se limitó a subsanar ese anómalo supergigantismo de nuestra Galaxia, sino que vino a mitigar notablemente una discrepancia mucho más seria.

En el segundo cuarto del siglo xx los astrofísicos y los geólogos volvieron a discrepar acerca de la edad de la Tierra, como ya lo hicieran casi un siglo antes en los días de Helmholtz (véase pág. 148).

La discrepancia surgió una vez más en torno a un fenómeno que no parecía plantear ningún problema en el presente ni en el futuro, pero que suscitaba graves dificultades cuando era extrapolado hacia el pasado. En tiempos de Helmholtz se había tratado de la supuesta contracción del Sol; en los días de Hubble era la expansión del Universo.

Si intentamos mirar hacia adelante en el tiempo y aceptamos el hecho de que las galaxias continuarán alejándose indefinidamente unas de otras tal y como lo hacen en la actualidad, no tropezamos con ninguna dificultad insuperable. Todas y cada una de las galaxias fuera de nuestro Grupo Local seguirán retrocediendo a una velocidad que aumenta regularmente a tenor del crecimiento regular de la distancia. Las galaxias se harán cada vez más tenues, debido tanto al aumento de distancias como al desvío hacia el rojo —cada vez más pronunciado— y a la consiguiente disminución de la energía de la luz. De este modo, llegará un momento en que todas ellas se aproximarán al límite del Universo observable, perdiéndose para nosotros. El universo observable consistirá entonces únicamente en nuestro Grupo Local.

Esto quizá parezca un futuro muy solitario, pero lo cierto es que sólo perderemos objetos que no son visibles a simple vista, objetos de cuya existencia y verdadera naturaleza no hemos llegado a percatarnos sino en los últimos cincuenta años. Quiere decirse que la pérdida no será demasiado grande para los no-astrónomos. Además este fenómeno está previsto para dentro de mucho tiempo —cien evos o más—, y para entonces habrán sobrevenido acontecimientos de consecuencias más directas para nosotros. El Sol se habrá convertido en una enana blanca y nuestro sistema planetario será un lugar inhóspito, suponiendo, claro está, que haya logrado sobrevivir a la etapa de gigante roja del Sol. Todas las estrellas que sean más grandes y más brillantes que las enanas rojas se habrán convertido en enanas blancas, y todas las galaxias se hallarán en una edad extremadamente avanzada. Es posible que para entonces se hubieran formado nuevas estrellas, pero lo cierto es que dentro de cien evos la reserva de polvo y gas habrá disminuido hasta valores mínimos, con lo cual el número de estrellas nuevas será escaso. Por lo demás, estas nuevas estrellas se habrán formado a partir de un gas tan sobrecargado de átomos complejos (dispersados por el espacio como consecuencia de los cientos de millones de supernovas que habrán explotado en el ínterin) que su provisión de hidrógeno será sobremanera exigua, lo cual determina una vida muy efímera para tales estrellas.

Por muy sórdida que parezca esta imagen del futuro, no contradice ninguna de las ideas científicas aceptadas ni plantea ningún dilema grave a los astrónomos. No puede esperarse que el Universo respete las emociones humanas. Envejecerá y morirá sin consideración alguna para con los lamentos del hombre, y sus componentes seguirán alejándose unos de otros en un proceso de eterna expansión incluso después de que las galaxias se hayan consumido hasta convertirse en cenizas de enanas blancas.

Pero supongamos ahora que miramos hacia atrás en el tiempo, que invertimos la dirección de marcha de la expansión del Universo como si se tratara de una película de cine. En ese caso debemos imaginarnos las galaxias aproximándose unas a otras con velocidades conocidas, sólo que ahora el proceso no puede continuar eternamente. Tiene que llegar un momento en que las galaxias se encuentren. Si la ley de Hubble sigue siendo válida para este caso, de modo que cada una de las galaxias se movería hacia adentro con una velocidad proporcional a su distancia a partir de una concreta (tal como la nuestra) tomada como patrón, entonces hay que mirar el Universo en general como sometido a un proceso de contracción, en virtud del cual todas las galaxias llegarían a reunirse simultáneamente en un punto.

Dicho con otras palabras: tuvo que existir un momento en el pasado en el que toda la materia y energía del Universo se hallasen concentradas en un gran bloque. En ese momento del pasado («tiempo cero») el Universo no podía, en modo alguno, tener el aspecto que presenta hoy día; el «Universo que conocemos» no pudo existir sino a partir de este tiempo cero, y este tiempo cero cabe considerarlo como el origen del Universo.

El tiempo cero del Universo se puede calcular a partir de las distancias que separan hoy día a las galaxias y de la velocidad con que se expande en la actualidad el Universo. De acuerdo con la escala de distancias que rigió entre 1925 y 1952, el tiempo cero tuvo que ocurrir hace, aproximadamente, 2.000.000.000 de años.

Dos evos es una longitud de tiempo respetable; ciertamente mucho mayor que los veinte millones de años que Helmholtz asignó a la Tierra. Sin embargo, dos evos no son todavía una cifra suficiente para los geólogos, quienes acogieron este valor con gran desilusión. ¿Qué significado tenía decir que el Universo existía hace dos evos en forma de un simple globo de materia y que a partir de ahí se habían formado todas las galaxias, cuando, sobre la base de los cálculos del uranio-plomo (véase página 153), se había comprobado que la Tierra tenía una edad de más del doble que aquélla?

La Tierra no podía ser dos veces más vieja que el Universo. Algún error grave tenía que haber, o en las velocidades de desintegración del uranio, o en la constante de Hubble.

La situación permaneció estática hasta que los trabajos de Baade demostraron que el error residía en la escala de distancias del Universo y que dicho error había resultado en un valor excesivo para la constante de Hubble. Una vez más los geólogos tenían razón, mientras los astrónomos se habían equivocado. La nueva escala de distancias del Universo parecía indicar que el tiempo cero había ocurrido hace 13 evos.

Si esta cifra peca de algo no cabe duda de que es por defecto, pues al medir la edad de los cúmulos estelares los astrónomos obtienen a veces cifras del orden de 10 a 25 evos. Sin embargo, nadie pretende que la determinación de la constante de Hubble se halle a salvo de ulteriores correcciones, ni que los métodos utilizados para calcular la edad de los cúmulos estelares sean algo más que meras aproximaciones. Así pues, cualquier polémica acerca de la posición exacta del tiempo cero sería más bien prematura; por el momento baste con decir que el tiempo cero, si de verdad existe, tuvo que ocurrir como mínimo hace 15 evos, y que desde entonces ha habido tiempo suficiente a lo largo de la vida del Universo para que se formara el sistema solar.

Mas ¿qué es lo que ocurrió en el tiempo cero? El primero en considerar seriamente este punto fue el astrónomo belga Georges Edward Lemaître (1894-1966). En

1927 sugirió que en el tiempo cero toda la materia y energía del Universo se hallaban efectiva y literalmente comprimidas en una gigantesca masa de diámetro quizá no superior a unos cuantos años-luz. Lemaître llamó a esta masa el «huevo cósmico», pues a partir de él se formó el «cosmos» (sinónimo de Universo).

El huevo cósmico era inestable y estalló en lo que cabe imaginar como la más fantástica y catastrófica explosión de todos los tiempos, pues los fragmentos de dicha explosión resultaron ser luego las galaxias, que fueron despedidas violentamente en todas direcciones. Los efectos de la explosión los tenemos todavía bien visibles en el alejamiento mutuo de las galaxias y cúmulos de galaxias.

Si los diferentes fragmentos del huevo cósmico salieron despedidos hacia afuera con distintas velocidades (según el lugar que ocupara originalmente el fragmento dentro del huevo y según la medida en que se viese frenado por las colisiones con otros fragmentos), aquellos que terminaron con una velocidad alta irían adquiriendo una ventaja cada vez mayor sobre los de velocidad baja. Lemaître sostenía que este efecto daría lugar a la situación que conocemos hoy día: las galaxias se alejan unas de otras con velocidades de recesión proporcionales a la distancia. (También es posible que aunque el huevo cósmico no tuviese momento angular alguno, parte de los fragmentos adquirieran cierto momento angular en el sentido de las manillas del reloj como consecuencia de la explosión, mientras que otros adquirieron un momento angular de sentido contrario, de suerte que la suma total fuese nula.)

El modelo del Universo propuesto por Lemaître es el análogo físico del modelo teórico de de Sitter. El Universo de de Sitter se expandía simplemente porque de este modo cuadraba bien con una serie de ecuaciones planteadas por Einstein. La expansión del modelo de Lemaître se debía, por el contrario, a un suceso físico: una explosión que difería en proporciones, pero no en naturaleza, de la de un cohete de feria. La idea del modelo de Lemaître se capta muy fácilmente; es concreto, espectacular y parece exotérico. Eddington lo adoptó y divulgó, y desde entonces el astrofísico ruso-americano George Gamow (1904-1968) lo ha defendido de un modo entusiástico. Haciendo referencia a esa inmensa explosión inicial del huevo cósmico, Gamow bautizó el modelo del Universo de Lemaître con el nombre de «teoría del *big bang*» *, aunque cabría llamarlo, de una forma menos espectacular, «teoría del Universo en explosión».

Naturalmente, uno siente enseguida curiosidad por saber cuál era la naturaleza del huevo cósmico. ¿De qué estaba compuesto? ¿Cuáles eran sus propiedades?

Quizá podamos hacernos una idea al respecto si observamos (mentalmente) el Universo corriendo hacia atrás y hacia adelante en el tiempo. En la actualidad el Universo parece componerse aproximadamente de un 90% de hidrógeno, un 9% de helio y 1% de átomos más complejos. A medida que el Universo progresa hacia adelante en el tiempo, el hidrógeno se va fusionando continuamente en helio, y éste, a su vez, en átomos más complejos dentro del núcleo central de las estrellas (véase pág. 212). Si dejamos que el Universo marche hacia atrás, la cantidad de helio y átomos más complejos decrece y la cantidad de hidrógeno aumenta. Así pues, conforme nos acercamos al tiempo cero, cabría esperar que el Universo consistiera por entero, o casi por entero, en hidrógeno.

Ahora bien, a medida que presenciamos la película del Universo marcha atrás, la materia y la energía se van haciendo más compactas. En el tiempo cero, el hidrógeno que exista tiene que hallarse comprimido hasta el límite; todas las partículas que lo componen se aprietan unas contra otras hasta más no poder.

El átomo de hidrógeno consta sólo de dos partículas: un protón central que porta una carga eléctrica positiva y un electrón exterior con una carga eléctrica negativa. Mientras estos dos componentes mantienen una existen-

* La expresión «big bang» (Gran Estallido) se utiliza corrientemente en las obras en castellano sobre este tema. (*N. del T.*)

cia propia, la presión a que se puede someter una masa de hidrógeno tiene un límite. Pero si sobrepasamos cierta presión crítica, todo ocurre como si los electrones y protones se aplastaran unos contra otros para formar una masa de partículas sin carga eléctrica llamadas neutrones.

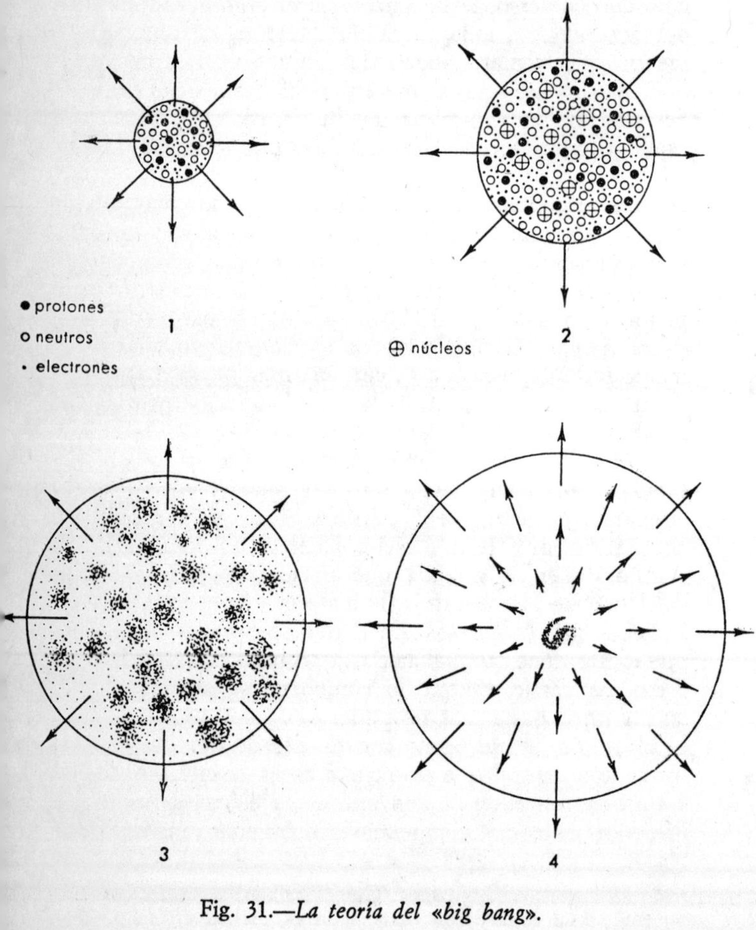

Fig. 31.—*La teoría del «big bang».*

Una masa tal de neutrones comprimidos hasta el límite se denomina a veces «neutronio» (aunque Gamow utiliza el término «ylem», palabra latina que significa la sustancia a partir de la cual se formó toda la materia). El neutronio tendría una densidad de unos 1.000 billones de gramos por centímetro cúbico y sería mucho más denso que la enana blanca más densa que se conoce.

La formación de los elementos

Sin comprometerse en cuanto a la naturaleza del huevo cósmico, Lemaître lo había concebido como una especie de superátomo radiactivo que se desintegraba como los átomos radiactivos normales, sólo que a una escala increíblemente mayor. A partir de las diversas porciones del huevo cósmico se formaron las galaxias actuales, pero, a una escala mucho más íntima, el huevo cósmico también se desintegró para constituir los átomos que conocemos hoy día. Ahora bien, desde el punto de vista de Lemaître estos átomos se formaron de arriba abajo, por así decirlo, de suerte que primero se formarían átomos muy masivos que se desintegrarían en otros menos masivos, y así sucesivamente hasta llegar a átomos perfectamente estables. Este proceso implicaría la existencia de un Universo compuesto principalmente de átomos tales como los de plomo y bismuto, que de entre los estables son los de mayor masa que se conoce, pero no explicaría la preponderancia del hidrógeno en el Universo.

Una concepción alternativa en cuanto a la formación de los elementos fue la que ofreció Gamow en 1948, y en la cual colaboraron también Bethe y el físico americano Ralph Asher Alpher (n. 1921)[1].

De acuerdo con la concepción de Gamow, en el momento del «big bang» el huevo cósmico, compuesto de neutronio, se desintegró con feroz violencia en neutrones individuales, que rápidamente se descompusieron en protones y electrones. (Este proceso de desintegración del neutrón se sigue verificando hoy día, siendo la vida media de unos trece minutos.) Los protones así formados cabe considerarlos como núcleos de átomos de hidrógeno-1.

A medida que se fuesen formando los protones, éstos chocarían de vez en cuando con los neutrones que aún quedaran e irían constituyendo gradualmente núcleos atómicos estables de mayor complejidad. La ventaja de esta teoría es que hace uso del fenómeno de adición de neutrones, proceso hacia el cual los átomos se muestran muy proclives y que se puede observar en el laboratorio. Si un protón se combina, por ejemplo, con un neutrón, se formaría un núcleo de hidrógeno-2, o deuterio (un protón / un neutrón). El hidrógeno-2, combinado con otro neutrón, daría lugar al hidrógeno-3 o «tritio» (un protón / dos neutrones). Sin embargo, el tritio es inestable. Uno de los neutrones de su núcleo emite un electrón y se convierte en un protón, de modo que el núcleo se transforma en helio-3 (dos protones / un neutrón). El núcleo de helio-3 se anexiona un neutrón, convirtiéndose en helio-4 (dos protones / dos neutrones). El proceso continúa, y paso a paso, neutrón tras neutrón, se va formando la lista completa de los elementos.

Dadas las temperaturas increíblemente altas que seguirían a la explosión del huevo cósmico, Gamow opina que las reacciones nucleares pertinentes se desarrollaron de un modo muy rápido, quizá incluso dentro de la primera media hora. A partir de ese momento, y conforme fuese disminuyendo la temperatura, los diversos núcleos irían atrayendo hacia sí gradualmente electrones y formando átomos; los átomos se aglomerarían en volúmenes ingentes de gas, los cuales se alejarían a gran velocidad del lugar donde explotó el huevo cósmico, condensándose poco a poco, a lo largo de esta huida, en galaxias y estrellas.

Ni que decir tiene que de los núcleos de hidrógeno-1 formados en origen sólo una pequeña porción colisionaría con neutrones para formar hidrógeno-2; que de estos núcleos de hidrógeno-2 sólo una parte exigua chocaría contra algún neutrón para dar lugar a helio-3, etc. A medida que ascendiéramos en la escala de complejidad, cada átomo sería menos común que el anterior; esto vendría a explicar el hecho de que hoy día en el Universo la abundancia de los átomos decrece de una forma más o menos constante a medida que aumenta su complejidad.

Este decrecimiento no es, sin embargo, absolutamente uniforme. El helio-4 es mucho más común que el hidrógeno-2 o que el helio-3, y el hierro-56 es mucho más abundante que la mayor parte de los átomos menos complejos que él. Por otro lado, átomos simples como los del litio-6, litio-7, berilio-9, boro-10 y boro-11 son menos comunes, a escala cósmica, de lo que debieran ser habida cuenta de su simplicidad. La teoría de Gamow puede ofrecer una explicación tentativa de esta anomalía. El helio-4 y el hierro-56, por ejemplo, son dos núcleos especialmente estables que difícilmente reaccionarían para formar átomos más complejos, por lo cual se irían acumulando. Los átomos de litio, berilio, y boro, por el contrario, reaccionan con extrema facilidad, por lo cual se «quemarían» rápidamente.

La teoría de Gamow está en condiciones de explicar la abundancia relativa de los diversos átomos en la materia interestelar. Una vez que se forman las estrellas, son otros los cambios que se operan en su interior.

Sin embargo, dicha teoría presenta un grave inconveniente que hasta la fecha nadie ha sabido subsanar. Se trata de lo siguiente: los átomos se tienen que formar mediante la adición de neutrones, pero de uno en uno; cuando se llega al núcleo del helio-4, se produce una zanja que no podemos saltarnos a la torera. El núcleo de helio-4 es tan estable que su tendencia a aceptar un neutrón o un protón es prácticamente nula. Y en el caso de que un neutrón consiga anexionarse a un núcleo de helio-4, el núcleo de helio-5 formado (dos protones / tres neutrones) se desintegra en 0,000000000000000000001 segundos aproximadamente (una milésima de trillonésima de segundo) para constituir de nuevo un núcleo de helio-4 y un neutrón. Por otra parte, si un protón consigue anexionarse al helio-4, el litio-5 (tres protones / dos neutrones) formado se desintegra de nuevo en helio-4 a una velocidad mayor aún que la anterior.

Supongamos, por otro lado, que un núcleo de helio-4 choca con un segundo núcleo de helio-4 y que ambos se fusionan. Este suceso es mucho menos probable que la fusión del helio-4 con una de esas partículas tan abundantes que son los protones y neutrones, pero aun así tampoco constituye una solución. El elemento formado es el berilio-8, que se desintegra en dos partículas alfa con una celeridad también extrema.

En otras palabras, una vez constituido el helio-4 mediante la adición de neutrones, el proceso se atasca. En el 5 y en el 8 hay dos zanjas que, al parecer, son infranqueables.

Cabe, desde luego, que dos partículas se estrellen simultáneamente contra el núcleo de helio-4. Si las partículas que chocan y se anexionan son un protón y un neutrón, entonces se forma litio-6 (tres protones/tres neutrones). Este elemento es estable y el proceso podría proseguir.

Por desgracia, en las condiciones postuladas por Gamow para esa primera media hora después del «big bang», los núcleos se encuentran tan espaciados que la probabilidad de que dos partículas choquen al mismo tiempo contra una partícula alfa es virtualmente nula. Así, pues, la teoría de Gamow parece explicar la formación de átomos de hidrógeno y helio, pero nada más.

En contraposición a esta teoría de la formación de los elementos existe otra que hemos aceptado implícitamente en este libro y utilizado en la discusión acerca de las estrellas de la segunda generación (véase pág. 239). Esta teoría ha sido sugerida por Fred Hoyle, quien considera que el material originario estaba constituido sólo de hidrógeno-1 y que los demás elementos se formaron en el interior de las estrellas, pasando a la materia interestelar por vía de las supernovas.

Hoyle recurre a los mismos mecanismos propuestos por Gamow, pero con una diferencia. En el núcleo central de las estrellas la densidad de materia es mucho más alta que en el espacio abierto, lo cual significa que la probabilidad de que dos partículas colisionen de un modo más o menos simultáneo con un núcleo de helio-4 es notablemente mayor que en la teoría de Gamow. Es más, toda vez que la zona central de las estrellas es más rica en helio-4 que en cualquier otro elemento, existe una probabilidad relativamente alta de que dos núcleos de helio-4 choquen contra un tercero en un lapso de tiempo suficientemente breve para formar un núcleo de carbono-12. Esto salvaría la zanja que representan los átomos estables comprendidos entre el helio-4 y el carbono-12: los átomos de litio, berilio, y boro que ya mencionamos antes. Estos átomos ligeros sólo se formarían a través de procesos secundarios menos comunes, lo cual explicaría su relativa rareza en el Universo actual.

La idea de la formación de los elementos en el corazón de las estrellas no sólo fue concebida para evitar la zanja de los niveles de 5 y 8 partículas, sino que viene también avalada por una prueba empírica interesante. El espectro de ciertas estrellas (poco comunes) de la clase espectral S delata la presencia de un elemento llamado «tecnecio». El tecnecio es un elemento radiactivo que no posee ninguna variedad atómica estable. La variedad que más se aproxima a la estabilidad es el tecnecio-99, que tiene una vida media de unos 220.000 años. Tiempo muy largo si lo medimos a escala humana, pero lo cierto es que al cabo de cinco millones de años (lapso insignificante en la vida de una estrella ordinaria) sólo quedaría una milmillonésima parte de la cantidad inicial de tecnecio-99. De aquí se sigue que si hoy día se puede detectar el tecnecio (por medios espectroscópicos, como hemos dicho), este elemento no pudo existir en el momento en que se formó la estrella, sino que tuvo que constituirse en el interior de ésta.

Así pues, en términos generales se puede decir que el peso de la plausibilidad y de las pruebas empíricas de que disponemos parece favorecer, hoy por hoy, al modelo de Hoyle de la formación de los elementos frente al de Gamow.

Antes del «Big bang»

Si postulamos la existencia de un huevo cósmico como la forma original del Universo e igualamos el momento de su explosión al tiempo cero, nos vemos obligados a preguntar: ¿Pero de dónde vino el huevo cósmico?

Podríamos zafarnos de esta pregunta refugiándonos simplemente en la eternidad. La ley de la conservación de la energía implica que la sustancia del Universo es, en esencia, eterna, por lo cual podemos decir que la materia de que se componía el hueco cósmico estuvo allí desde siempre.

Ahora bien, aun concediendo que la materia del huevo cósmico estuviera allí desde siempre, ¿lo estuvo en forma del huevo cósmico? Si el huevo cósmico, como tal, existió desde siempre, tenía que ser estable. Y si era estable, ¿por qué dejó entonces de serlo repentinamente y explotó en el momento que hemos dado en llamar tiempo cero, tras incontables evos durante los cuales, lejos de estallar, se había limitado simplemente a existir?

El problema con que nos enfrentaríamos sería el mismo —sólo que a escala estelar— si nos preguntáramos por qué una estrella experimenta una explosión tipo supernova después de haber existido durante evos en condiciones de relativa estabilidad. En el caso de las estrellas, sin embargo, sabemos hoy día lo suficiente como para poder explicar este fenómeno en función de las reacciones nucleares progresivas que se desarrollan en el interior estelar.

Por desgracia, es imposible estudiar las propiedades de un huevo cósmico: no sabemos nada acerca de lo que ocurre en su interior, ni conocemos las fuerzas que serían capaces de mantenerlo estable o de provocar cambios progresivos que, en un momento dado y de súbito, lo convirtieran en inestable.

Ahora bien, si en vez de devanarnos los sesos tratando de imaginar una explicación para dicha estabilidad, nos preguntáramos en qué forma podría existir la sustancia del Universo para permanecer estable a lo largo de innumerables evos, veríamos que lo más fácil es concebir el cosmos como un gas extremadamente disperso. El Universo sería entonces esa especie de «espacio vacío» que existe hoy entre las galaxias y que sin duda alguna es estable.

Un gas de este tipo, en extremo rarificado, seguiría estando sometido, no obstante, a su propio campo gravitatorio, sobremanera difuso. A lo largo de los evos el gas se iría apelotonando lentamente y el Universo iría contrayéndose. A medida que la sustancia del Universo se hace más compacta, el campo gravitatorio se va intensificando; al cabo de muchos evos, el Universo se halla sometido a un proceso muy rápido de contracción.

Tal contracción, empero, por fuerza tiene que provocar un calentamiento en el Universo —un calentamiento «à la Helmholtz»— y originar temperaturas cada vez más altas en esa materia que se comprime en un volumen cada vez más reducido. El aumento de temperatura contrarresta de modo creciente la contracción gravitatoria y acaba por frenarla.

Sin embargo, a causa de la inercia de la materia, ésta sigue contrayéndose por encima del punto donde el efecto térmico equilibraría exactamente a la fuerza de la gravedad, de suerte que en último término el Universo se contrae hasta un volumen mínimo, que representa el huevo cósmico o algo muy similar a él. En una fase posterior la temperatura y la radiación comienzan a empujar hacia afuera, y la sustancia del Universo se ve lanzada hacia el exterior, cada vez más de prisa, en un proceso que rápidamente desemboca en el «big bang».

Según esta concepción, el Universo parte de un estado caracterizado por un vacío virtual, pasa por una fase de contracción hasta alcanzar una densidad máxima y después por una tercera etapa de expansión que conduce de nuevo al vacío. No es preciso, pues, que nos rompamos la cabeza especulando acerca de un huevo cósmico que existía «desde siempre» y que luego, tras un período indefinido de estabilidad, explotó de pronto: basta para ello concebir el huevo cósmico como un objeto momentáneo situado a medio camino en la eternidad.

Este modelo se denomina «Universo hiperbólico», y admite una representación gráfica sin más que considerar su «radio de curvatura». Un rayo de luz que viajara indefinidamente a través del tipo de Universo al que Einstein asignó una geometría riemanniana (véase pág. 263) describiría una inmensa trayectoria circular cuyo radio sería el radio de curvatura del Universo. En un Universo en contracción, este radio sería decreciente; en un Universo en expansión, creciente. En un Universo hiperbólico, el radio decrecería primero hasta un mínimo y luego aumentaría.

El Universo hiperbólico perdura a través de la eternidad, mas no es auténticamente eterno en el sentido de que persista siempre en unas condiciones esencialmente invariables o en un estado que oscile alrededor de un promedio inmutable, sino que experimenta un cambio permanente e irreversible: comienza en la forma de un Universo vacío, lleno de un gas muy disperso (presumiblemente hidrógeno) y termina en forma de un Universo también vacío, pero colmado de innumerables enanas blancas. Existen un comienzo y un fin bien definidos, y nosotros habitamos el breve intervalo de tiempo durante el cual el Universo se desvía pasajeramente de su eterno vacío.

Sin embargo, el Universo hiperbólico no es el único modelo que se puede deducir a partir de una consideración teórica del huevo cósmico. Aunque concibamos el Universo como desintegrado en trozos que salen despedidos hacia afuera como consecuencia de la fuerza de una explosión gigantesca, siempre queda la fuerza de la gravitación universal que tenderá a reunir de nuevo los fragmentos y que, quizá, lo podría lograr.

Para entender lo que esto significa, consideremos una situación análoga en nuestro planeta. Una explosión normal proyecta al aire violentamente los distintos fragmentos, pero la velocidad con que éstos se alejan de la Tierra disminuirá constantemente debido a la atracción de la gravedad. Al cabo de cierto tiempo los fragmentos se detienen durante un instante en su fuga y comienzan a caer de nuevo hacia la Tierra. Cuanto más violenta sea la proyección inicial del fragmento hacia arriba, tanto ma-

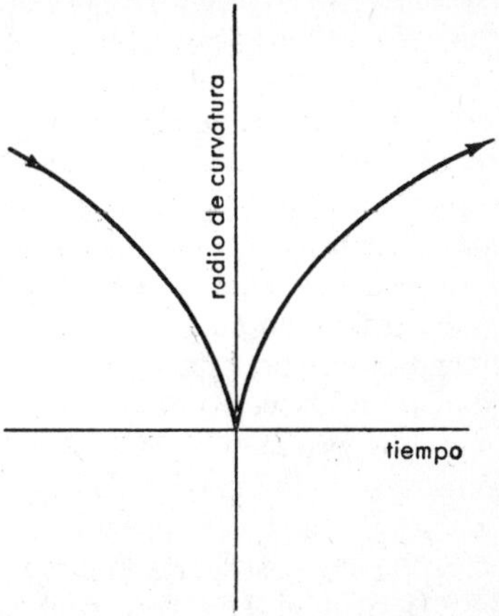

Fig. 32.—*El Universo hiperbólico.*

yor será la altura que alcanzará éste antes de pararse e iniciar su regreso.

Ahora bien, el campo gravitatorio terrestre disminuye con la distancia, y si el objeto se lanza hacia arriba con un impulso suficiente llegará a regiones en las cuales el campo gravitatorio de la Tierra, cada vez más débil, no bastará para anular por completo la velocidad (cada vez menor) del objeto. En este caso se dice que el objeto ha sido lanzado hacia arriba con una velocidad mayor que la «velocidad de escape», que para la superficie terrestre es aproximadamente de once kilómetros por segundo.

Sin conocer el tamaño real del huevo cósmico, ni su masa, ni la fuerza de la explosión que lo desintegró, resulta difícil averiguar si los fragmentos que salieron despedidos hacia el exterior lograron alcanzar o no la velocidad de escape. ¿Seguirán alejándose las galaxias unas de otras para siempre, o irá disminuyendo lentamente su velocidad de recesión hasta anularse durante un instante, aproximándose luego unas a otras, despacio al principio, luego cada vez más rápidamente?

Supongamos que llegue un día en que las galaxias comiencen efectivamente a juntarse de nuevo. En este Universo en contracción la radiación emitida por las galaxias experimenta un desvío hacia el violeta, cuya intensidad aumenta a medida que la velocidad de aproximación crece como consecuencia de la aceleración de la contracción. La energía que se vierte así en el centro del Universo se comprime, por así decirlo, a la par que aumenta. Bajo el azote de esta invasión de energía, las reacciones nucleares que se desarrollan en un Universo en expansión experimentan una inversión total.

Mientras que en un Universo en expansión (cuya radiación disminuye constantemente) la fusión de hidrógeno en hierro suministraría energía, en un Universo en contracción (de radiación cada vez mayor) la desintegración del hierro en hidrógeno absorbería energía.

En resumen, cuando el Universo se hubiera condensado hasta un límite próximo al del huevo cósmico, aquél estaría compuesto otra vez de hidrógeno en su totalidad. La formación del huevo cósmico se vería seguida de un nuevo «big bang», y el proceso completo volvería a comenzar. El resultado sería un «Universo pulsante» o «Universo oscilante».

El Universo pulsante cabría concebirlo como una variable Cefeida ingente. Tal Universo sería eterno en el sentido estricto de la palabra, pues aunque se producen cambios catastróficos, éstos son periódicos. No existe un origen ni un fin bien definidos, como tampoco existen cambios constantes e irreversibles que transformen una estructura universal dada en otra completamente distinta. Después de contraerse y explotar de nuevo, el Universo recuperará dentro de un número indefinido de evos su forma actual, forma que ya tuvo cierto número de evos antes de su último colapso y explosión.

Creación continua

Y sin embargo, al menos antes de 1952 la teoría del «big bang» parecía llevar inherente a ella un elemento de imposibilidad, pues situaba el tiempo cero 2 evos atrás, cuando la propia Tierra tenía una edad de casi 5 evos. El «big bang» debía ser, por fuerza, una ilusión. Era preciso construir un modelo del Universo que no utilizase para nada el huevo cósmico.

El nuevo modelo nació de la idea intuitiva siguiente: el aspecto general del Universo debe ser el mismo cualquiera que sea el punto de observación elegido. Desde cualquier punto del Universo, desde cualquier galaxia en que se sitúe el observador, éste hallaría que las galaxias se distribuyen simétricamente en torno a él en todas direcciones, que la densidad general de la materia es idéntica, que todas las demás galaxias se alejan con una

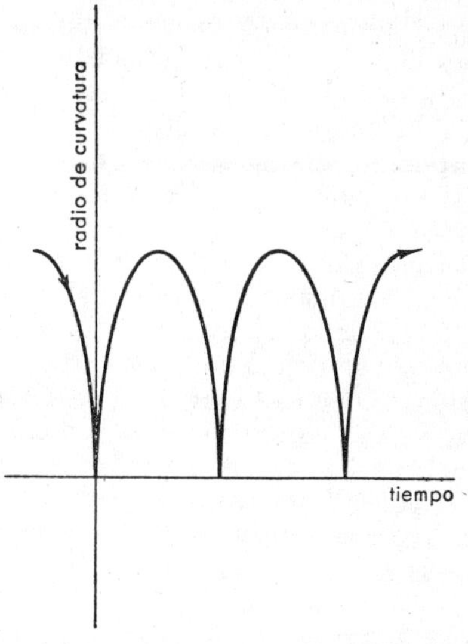

Fig. 33.—*El Universo pulsante.*

velocidad proporcional a su distancia; en pocas palabras, se hallaría a sí mismo en el centro del Universo observable.

La noción de un Universo generalmente uniforme a través de todo el espacio fue concebida por el cosmólogo inglés Edward Arthur Milne (1896-1950), quien la denominó el «principio cosmológico».

El principio cosmológico no pasa de ser una hipótesis, pero una hipótesis que, a falta de pruebas concluyentes que demuestren su falsedad, ejerce un gran poder de atracción sobre los astrónomos, toda vez que haciendo uso de ella el Universo se reduce a un nivel de simplicidad suficiente para quedar reflejado en la clase de modelos que los astrónomos pueden construir. Einstein, por ejemplo, aceptó el principio cosmológico al trabajar con un Universo cuya materia se encontraba diseminada de modo uniforme, pues no cabe duda de que en ese caso el aspecto del cosmos sería idéntico cualquiera que fuese la posición del observador.

El principio cosmológico parece pedir un Universo infinito, pues de otro modo cabría pensar que si el observador se traslada hasta el mismo borde, vería todas las galaxias a un lado y nada al otro. Ahora bien, ¿cómo era posible conciliar esta idea con el Universo riemanniano supuesto por Einstein, un Universo de volumen finito?

En realidad, sí es posible que un Universo de volumen finito contenga un número infinito de galaxias.

Según la teoría de la relatividad de Einstein, es necesario suponer que un objeto que se mueve con respecto a un observador resultará —a través de cualquier medida que éste haga— más corto en la dirección del movimiento que lo que sería si se encontrara en reposo con respecto a dicho observador. Y a mayor velocidad, más pronunciado será este «acortamiento». Si el objeto se mueve a la velocidad de la luz, su longitud en la dirección del movimiento se reducirá a cero.

Las lejanas galaxias, en su movimiento de recesión, tienen que aparecer más cortas para cualquier observador terrestre; y cuanto más lejanas, tanto más acortadas, toda vez que la velocidad de recesión aumenta con la distancia. Cerca del borde del Universo observable las galaxias adquieren un espesor igual o inferior al de una hoja de papel, con lo cual en este límite se pueden apelotonar un número infinito de galaxias. De este modo tenemos un Universo infinito empaquetado en un volumen finito. (Debido al desvío hacia el rojo, esta infinidad de galaxias en el borde del Universo no liberarían más que una cantidad finita de radiación, de partículas o de fuerza gravitatoria hacia el interior.)

Naturalmente, un observador situado en una de las galaxias del borde no se vería a sí mismo y a su galaxia del espesor de una hoja de papel. Su galaxia, igual que las de su inmediata vecindad, se le antojarían normales. Pero a una distancia suficientemente grande este observador también vería un borde con una aglomeración infinita; y nuestra Galaxia, caso de que pudiera observarla, le parecería tan delgada como una hoja de papel. (Es cuestión simplemente de punto de vista, igual que los australianos nos parecerían andar de cabeza, y viceversa, si la Tierra fuese transparente y pudiéramos mirar a través de ella.)

Un Universo infinito de estas características no concuerda bien con la noción del huevo cósmico, pues no cabe duda de que resulta mucho más fácil pensar que el huevo cósmico posee un tamaño finito, y no infinito, y que al explotar dio lugar a un número finito de galaxias. Gamow, sin embargo, está dispuesto a considerar un huevos cósmico de tamaño infinito, y en ese caso el principio cosmológico no sería incompatible ni con el Universo hiperbólico, ni con el pulsante.

Para tres astrónomos que trabajan en Inglaterra —el austriaco de nacimiento Hermann Bondi (n. 1919), Thomas Gold (n. 1920) y Fred Hoyle— el principio cosmológico estaba, de algún modo, incompleto. Cierto que dejaba inalterado el Universo al variar la posición del observador en el espacio, pero ¿y acerca de su posición en el tiempo?

Si el Universo experimenta cambios que son irreversibles, como en el caso del Universo hiperbólico, o reversibles al cabo de muchos evos, como en el caso del Universo pulsante, un observador vería que la naturaleza del Universo variaba radicalmente con el tiempo. Hace 10 evos, por ejemplo, el observador vería un Universo de pequeñas dimensiones, colmado de galaxias jóvenes muy juntas y constituidas casi por entero de estrellas jóvenes compuestas de hidrógeno y de muy pocos elementos más. Dentro de 50 evos, a partir de ahora, el observador quizá vería un vasto Universo vacío, con galaxias separadas por enormes distancias y compuestas en su mayor parte de enanas blancas. Y dentro de 100 evos el observador acaso se hallaría ante un Universo en contracción.

Bondi, Gold y Hoyle opinaban que no era lógico suponer que las cosas sucedan así. El Universo debía ser fundamentalmente idéntico cualquiera que fuese el momento y el lugar de observación, idea que bautizaron con el nombre de «principio cosmológico perfecto».

No obstante, el Universo cambiaba de dos modos importantes: dos modos que se aceptaban sobre la base de pruebas empíricas muy fuertes y que no admitían ninguna clase de discusión. En primer lugar, la distancia intergaláctica aumenta constantemente, y, en segundo lugar, el hidrógeno no cesa de fusionarse en helio y en otros átomos más complicados. Si el principio cosmológico perfecto pretende ser válido, entonces tienen que existir procesos que neutralicen tales cambios.

La solución que sugirieron los tres astrónomos en 1948 consistía en suponer que el hidrógeno se creaba continuamente de la nada; esta idea se conoce con el nombre de «teoría de la creación continua» o «teoría del estado estacionario».

Naturalmente, la primera reacción ante tal sugerencia es objetar que viola la ley de la conservación de la energía. Pero esta ley es una simple hipótesis basada en el hecho de que la humanidad nunca ha observado que la energía se cree de la nada. Por otra parte, lo que exige la teoría de la creación continua es bien poco; bastaría con que la materia se creara a un ritmo de un átomo de hidrógeno por año en un espacio de mil millones de litros, y tal ritmo de creación sería demasiado pequeño para poder detectarlo con los instrumentos que conocemos hoy día. La creación continua no violaría en realidad la ley de la conservación de la energía, pues ésta no dice que «la energía no se puede crear de la nada», sino simplemente que «nunca se ha observado que la energía se cree de la nada».

(Una concepción alternativa podría ser que la materia se formara a expensas de la energía de expansión del Universo, con lo cual éste se dilataría algo más despacio que en el caso de que no existiese la creación continua.)

Suponiendo que admitimos la creación continua, pasemos ahora a examinar sus consecuencias. La separación paulatina de las galaxias debe ser visualizada, no como el resultado de cierta explosión, sino como la consecuencia de un efecto más sutil. Así, por ejemplo, en 1959 Hermann Bondi y Raymond Arthur Lyttleton especularon en torno a la posibilidad de que la carga positiva del protón fuese muy ligeramente superior a la carga negativa del electrón. Si la carga positiva del protón fuese superior a la carga negativa del electrón en una trillonésima parte de ésta, tal diferencia sería demasiado exigua para detectarla con los instrumentos más perfectos del hombre, pero ello bastaría para acumular una carga neta de signo positivo en todas las galaxias y obligarlas a emprender un movimiento de recesión mutuo y constante. Esta explicación del Universo en expansión se considera, por lo general, como sumamente improbable entre los astrónomos, pero constituye un ejemplo de la especie de causa física (distinta de la explosión) buscada por quienes desean soslayar la teoría del «big bang».

A medida que las galaxias se apartan unas de otras (sea cual fuere la causa), el espacio que queda entre ellas se va llenando gradualmente de materia gracias a la creación continua.

Cierto que esta acumulación de materia es lenta, pero también lo es la velocidad con que se alejan unas de otras las galaxias si la comparamos con los inmensos espacios que se extienden entre ellas. Antes de que la distancia entre dos galaxias vecinas se duplique habrán transcurrido varios evos, y para entonces la cantidad de materia formada entre ambas será suficiente para poder condensarse en una nueva galaxia. De este modo, conforme las primitivas galaxias se van diseminando y aglomerándose paulatinamente en ese borde de espesor igual al de una hoja de papel —o, como parece suponer Hoyle, desplazándose, de algún modo, más allá del borde del Universo observable—, la densidad de la distribución galáctica jamás decrecerá. Entre las primitivas galaxias se formarían otras nuevas, y los dos efectos se compensarían mutuamente.

Por otra parte, la materia que se forma en el proceso de la creación continua sería, desde luego, de naturaleza muy simple. El fragmento de materia creado podría ser acaso un átomo de hidrógeno, o quizá un neutrón que se descompondría en cuestión de minutos en un protón y un electrón, que a su vez se asociarían para constituir un átomo de hidrógeno. En cualquier caso, las nuevas galaxias, formadas a partir de materia recién creada, serían galaxias jóvenes constituidas por hidrógeno fresco. Lo cual viene a significar que en cualquier momento del futuro un observador vería a su alrededor el mismo número de galaxias jóvenes que en la actualidad. El Universo nunca llegaría a vaciarse ni a envejecer, a pesar de que las galaxias, consideradas por separado, sí envejecen.

Si miramos restrospectivamente en el tiempo, cabe pensar que las galaxias se aproximan entre sí, pero no tienen por qué llegar a encontrarse. En una inversión del tiempo, la creación continua se convierte en destrucción continua. En un Universo retrógrado como este, los átomos complejos se desintegran en hidrógeno, y el hidrógeno a su vez desaparece. Las galaxias se desvanecen conforme se aproximan unas a otras, sin llegar a formar nunca un huevo cósmico. Su lugar pasan a ocuparlo otras galaxias procedentes de esa reserva infinita que es el borde del Universo, o bien de la reserva situada más allá de dicho borde, según el punto de vista que adoptemos. A la larga, pues, y por mucho que retrocedamos en el tiempo, las galaxias ni acortan sus distancias mutuas ni rejuvenecen.

En tales condiciones, el estado global del Universo no cambia con el tiempo (ni hacia atrás ni hacia adelante), sino que permanece estacionario. Un modelo de estas

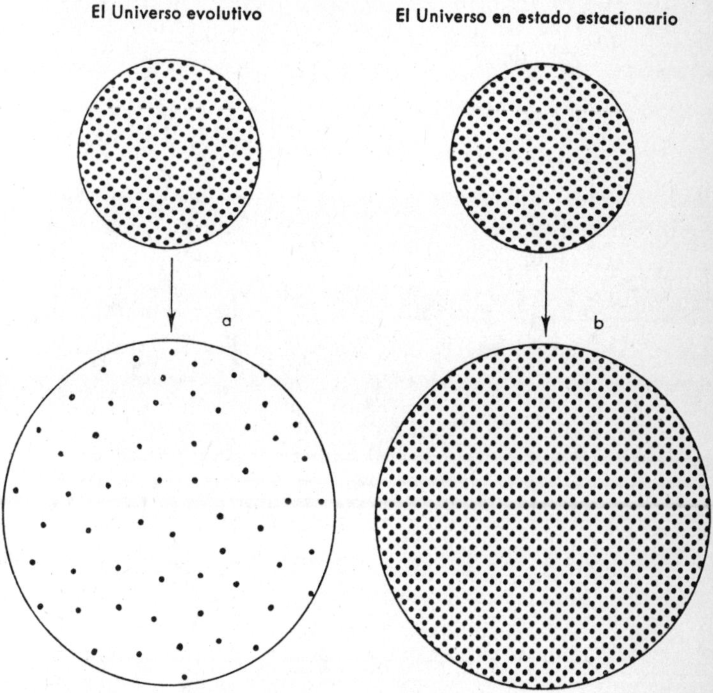

Fig. 34.

características representa un «Universo en estado estacionario» y concuerda con el principio cosmológico perfecto.

La idea de un Universo eterno e inmortal en el que el hombre (o la especie que evolucione a partir de él) podría vivir para siempre, posee sin duda un atractivo muy singular y ha causado un fuerte impacto en el público no científico. Impacto que se ha visto acentuado por la circunstancia de que el defensor más acérrimo de la creación continua ha sido Fred Hoyle, escritor ameno y convincente, cuyas obras de divulgación sobre astronomía han encontrado una excelente acogida entre el público en general. (Por otra parte, George Gamow, el partidario más sobresaliente de la teoría del «big bang», también es un escritor de enorme éxito en temas de divulgación científica. Rara vez en la historia de la ciencia se ha dado un enfrentamiento tal de titanes ante los ojos del público profano.)

Bien es verdad que en 1952, cuando Baade propuso una nueva escala para las distancias cósmicas e hizo retroceder el tiempo cero del «big bang» hasta 6 evos o más en el pasado, el argumento más potente en favor del Universo en estado estacionario (a saber, que el «big bang» era imposible) se vino abajo. Para entonces, empero, la idea del Universo en estado estacionario resultaba demasiado atractiva para abandonarla de buenas a primeras.

Es muy difícil decidirse por uno de los modelos del Universo que hemos presentado en este capítulo. A la hora de decidir debemos recordar que el Universo en estado estacionario se adhiere al principio cosmológico perfecto, mientras que los demás no. Esto significa que si fuésemos capaces de variar nuestra posición en el tiempo, el problema quedaría resuelto. Pues si comprobáramos que el aspecto general del Universo no cambia con el tiempo, que las galaxias no se hallaban más juntas ni eran más jóvenes en el pasado, ni más espaciadas y viejas en el futuro, ello supondría un punto importante a favor de la teoría del estado estacionario. En caso contrario, sería el Universo pulsante o el hiperbólico el que se vería favorecido; la elección entre ambos se haría entonces a partir de la amplitud del cambio a lo largo del tiempo.

Cierto es que si la raza humana logra sobrevivir de aquí a varios evos, sin solución de la continuidad cultural, nuestros descendientes se hallarán entonces en lo que ahora es futuro lejano y estarán en condiciones de decidir acerca de esta cuestión; pero sucede que los astrónomos desearían, a ser posible, encontrar la solución *ahora,* aspiración, por lo demás, muy comprensible.

Así pues, lo que precisamos es un viaje en el tiempo, un viaje temporal. Una forma de viaje temporal es, por de pronto, posible. Veamos cómo.

Cuando decimos que la galaxia de Andrómeda se halla a 2.300.000 años-luz de nosotros, queremos expresar que la luz tarda 2.300.000 años en cruzar la distancia que separa dicha galaxia de nuestros ojos. Cuando observamos Andrómeda, ya sea a simple vista o con ayuda de algún instrumento, lo que vemos es la luz que abandonó dicha galaxia hace 2.300.000 años, por lo cual no la veremos tal y como es en el momento presente, sino como era todo ese tiempo atrás. Al estudiar la galaxia de Andrómeda nos convertimos, efectivamente, en viajeros del tiempo que retroceden 2.300.000 años hacia el pasado.

Cuanto más lejos penetremos en el espacio, tanto más tiempo tarda la luz en llegar hasta nosotros y tanto más habremos retrocedido en el tiempo. Los telescopios ópticos más perfectos de que disponía el hombre en 1950-59 alcanzaban a distinguir objetos situados a una distancia de 1 ó 2 millones de años-luz; al observarlos, los astrónomos ven esa porción del Universo tal y como era hace 1 ó 2 evos.

Si la concepción del Universo en estado estacionario es correcta, esta diferencia debe ser indiferente: el Universo de 1 ó 2 evos atrás tendría las mismas propiedades generales que las del Universo de hoy día. Las galaxias que vemos con los telescopios más potentes no deberían estar más separadas ni más juntas de lo que están en la actualidad, deberían alejarse unas de otras a la misma velocidad que hoy día y, en general, no deberían presentar ninguna propiedad que las distinguiera, en conjunto, de las galaxias que observamos en las proximidades inmediatas de nuestro sistema.

Pero si la verdad científica estuviese del lado de la concepción pulsante o hiperbólica del Universo, entonces la diferencia de tiempo sí daría lugar a cambios considerables: como mínimo habría *algunas* propiedades importantes respecto a las cuales el borde remoto del Universo diferiría de las regiones próximas a nosotros.

Por ejemplo: las galaxias muy lejanas deberían ser más jóvenes que las de nuestras proximidades, así como más ricas en hidrógeno, menos espaciadas y caracterizadas por una velocidad de recesión mayor (toda vez que la fuerza explosiva no habría sido debilitada aún por la atracción lenta y constante de la gravedad). Por otra parte, dado que aquellas regiones representan la juventud del Universo, podrían contener objetos que no se encuentran en nuestra propia vecindad y que fuesen característicos *únicamente* de un Universo joven. Por último, estudiando la medida en que estas diferencias se ponen de manifiesto sería posible determinar cuál de los dos Universos se ajusta mejor a los hechos: si el pulsante o el hiperbólico.

Las consideraciones anteriores acaso parezcan sobremanera inmediatas, pero en realidad llevan a una frustración desesperante. Cuanto más distantes son los objetos que estudiamos, tanto más probable es que podamos decidir entre los distintos modelos del Universo que hemos sugerido; pero cuanto más lejanos son dichos objetos, tanto más difícil resulta también detectar detalle alguno.

A lo más que se llegó a mediados de la década de 1950-59 fue a estudiar los desvíos al rojo de las galaxias más distantes que se podían detectar. En un Universo en estado estacionario la constante de Hubble debería ser idéntica en todo momento y, por ende, para cualquier distancia. En un Universo pulsante o hiperbólico, por el contrario, dicha constante tiene que disminuir a medida que avanza el tiempo, tomando un valor bastante alto durante la juventud del Universo. En ese caso, las galaxias muy distantes (que representan dicha juventud) deberían alejarse con una velocidad mayor y exhibir un desvío al rojo también superior a lo normal. Hacia 1956 parecía, en efecto, que se habían observado desvíos al rojo excesivos, lo cual constituía un argumento en contra del Universo en estado estacionario. Sin embargo, el exceso observado era tan minúsculo y las dificultades de observación tan grandes, que las pruebas obtenidas no fueron ni mucho menos concluyentes. Se precisaba algo mejor. Pero ¿qué exactamente?

Para contestar a esta pregunta es necesario centrar nuestra atención en aquellas ramas de la astronomía mo-

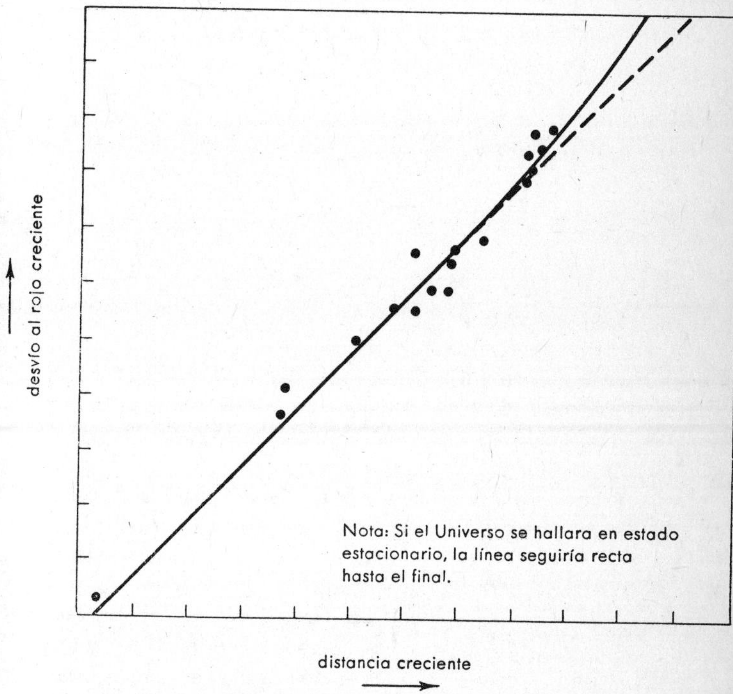

Fig. 35.—*Desvío al rojo para grandes distancias.*

derna que no dependen de la luz visible. Llegados a este punto, la luz visible falla; otras manifestaciones del Universo quizá no.

16. Bombardeo de partículas

Partículas sin masa

Toda la información que obtenemos acerca del Universo (excluida la Tierra) se deriva de partículas que, emitidas por cualquiera de los objetos del espacio, cruzan la zanja que se interpone entre ellos y nosotros y llegan a la Tierra. Una vez en nuestro planeta, interaccionan con otras partículas (existentes de antemano entre nosotros), de suerte que el resultado de dicha interacción es perceptible para nuestros sentidos.

Esto mismo, expresado sin tantos rodeos, se puede decir de la siguiente manera (hemos elegido el ejemplo más común y conocido): las lejanas estrellas y galaxias emiten luz que el hombre puede ver, puede separar mediante un espectroscopio o puede impresionar sobre una película fotográfica.

Mas no nos engañemos; a través de todo el siglo XIX la luz fue considerada como una forma ondulatoria, no como partículas. Sin embargo, en 1900 el físico alemán

Max Karl Ernst Planck (1858-1947) propuso la «teoría cuántica», en cuyo marco la luz —y, de hecho, todas las formas de energía— eran concebidas como si estuviesen compuestas de pequeños paquetes discretos que Planck llamó «cuantos». Esta teoría fue confirmada en 1905 por Einstein, y desde entonces se vio cada vez más claro que los cuantos de energía podían, en ciertos aspectos, comportarse como partículas.

Efectivamente, hacia la década de 1920-29 se comprobó que existía una especie de dualidad, en el sentido de que todas las partículas eran capaces de comportarse, en determinadas circunstancias, como formas ondulatorias, y todas las formas ondulatorias podían comportarse como partículas. Los dos aspectos no suelen encontrarse en equilibrio. Por ejemplo, las propiedades del protón en calidad de partícula son mucho más pronunciadas y fáciles de detectar que sus propiedades ondulatorias, aunque no cabe duda de que estas últimas están ahí y que pueden ser detectadas si procedemos con un cuidado suficiente. Por otra parte, las propiedades ondulatorias de la luz ordinaria son mucho más marcadas que sus propiedades «corpusculares», aun cuando estas últimas existen. Cuanto más corta es la longitud de onda de la luz, tanto mayor es el contenido energético de los cuantos y tanto más pronunciadas y fáciles de detectar serán sus propiedades corpusculares.

En 1923 el físico americano Arthur Holly Compton (1892-1962), trabajando con formas de luz de longitud de onda especialmente corta, demostró de un modo incontestable las propiedades corpusculares de la luz. Para designar tales partículas de luz acuñó el término «fotón» (el sufijo «-on» se utiliza por lo común para las partículas subatómicas; el prefijo «fot-» se deriva de la palabra griega para «luz»).

Así pues, la luz que vemos a lo largo y a lo ancho del Universo puede ser considerada como una lluvia de fotones que desciende sobre nosotros desde todas las direcciones: de un modo directo, desde el Sol, las estrellas y las galaxias; y por reflexión, desde la Luna y los planetas. Toda la astronomía anterior a la segunda mitad del siglo XIX puede incluirse, en cierto modo, bajo el epígrafe de la interacción de estos fotones con la retina del ojo.

Desde entonces el campo de la astronomía ha experimentado una expansión notable; y no nos referimos sólo al hecho de que en vez de ser la retina sobre lo que actúen directamente los fotones, sea una placa fotográfica, sino también a que el hombre ha sabido descubrir la existencia de numerosas clases de partículas (distintas de los fotones) y ha aprendido a manejarlas. Algunas de estas clases de partículas son verdaderamente sutiles; comencemos por las más sutiles de todas y que en algunos aspectos recuerdan a los fotones.

El fotón tiene una «masa en reposo» nula. Esto significa que si pudiésemos lograr que permaneciera completamente inmóvil, no exhibiría ninguna de las propiedades asociadas con la posesión de masa: no tendría inercia y no produciría ni respondería a un campo gravitatorio. Por consiguiente, el fotón se considera como una «partícu.a sin masa».

Ahora bien, tal carencia de masa es puramente teórica, pues es imposible conseguir que un fotón esté en reposo. Desde el momento en que nace, se aleja del lugar de formación a 300.000 kilómetros por segundo [1]. Y mientras el fotón se mueve de este modo, sí que exhibe algunas de las propiedades asociadas con la masa: la de responder ligeramente a la acción de un campo gravitatorio, por ejemplo.

Existen, como mínimo, otras dos partículas sin masa que han sido postuladas por los físicos. Nos referimos al «gravitón» y al «neutrino». Al igual que el fotón, estas dos partículas tienen una masa en reposo nula, pero nunca permanecen inmóviles; a lo largo de toda su vida viajan única y exclusivamente a la velocidad de la luz. Esto es cierto, al parecer, para todas las partículas de masa nula [2].

Tanto el fotón como el gravitón y el neutrino carecen de carga eléctrica. Teniendo en cuenta además que ninguna de las tres tiene tampoco masa, parece lícito preguntarse de qué forma podrá distinguírselas. Una posible marca distintiva se deriva del hecho de que la mayor parte de las partículas subatómicas pueden ser visualizadas como si giraran (a derechas o a izquierdas) alrededor de un eje. De aquí que el momento angular asociado con esta rotación pueda expresarse mediante un número positivo o un número negativo. Los físicos utilizan un sistema de unidades tal que al fotón le asignan un «spin» [«rotación» o «giro» en inglés] de +1 ó —1. Partiendo de esta base, y con el fin de poder explicar el modo como se comportan las partículas subatómicas, los físicos han llegado a la conclusión de que es preciso asignar un spin de +½ ó —½ al neutrino y un spin de +2 ó —2 al gravitón. Este número, por sí solo, basta para distinguir perfectamente los tres tipos de partículas.

El gravitón no pasa de ser una partícula postulada teóricamente, pues hasta ahora no ha sido detectada de un modo directo. En efecto, las propiedades que la lógica de la situación ha obligado a los físicos a asignarle son tales, que acaso no se le llegue a detectar nunca. No obstante, los físicos suponen que es precisamente en virtud de la emisión y absorción de gravitones como se crean los campos gravitatorios.

Si bien es cierto que hasta ahora ha sido imposible detectar el gravitón directamente, al menos sí se puede detectarlo indirectamente a través de los efectos del campo gravitatorio a que da lugar. Así, el intercambio de gravitones entre la Luna, el Sol y la Tierra produce las mareas y mantiene a nuestro planeta y a su satélite en órbita alrededor del Sol. El intercambio de gravitones entre el Sol y el centro galáctico mantiene al sistema solar en su majestuosa rotación en torno a ese núcleo invisible.

En términos generales se puede decir que el efecto gravitatorio que ejercen sobre nosotros las distintas estrellas fuera de nuestro sistema solar y las diversas galaxias más allá de la nuestra, es indetectable y probablemente seguirá siéndolo a lo largo de todo el futuro previsible.

Pero esto no quita para que, de hecho, existan interacciones gravitatorias entre estrellas vecinas y entre galaxias próximas unas a otras, y estas interacciones pueden proporcionarnos cierta información. Por ejemplo, las dos estrellas de un sistema binario se mueven una en torno a otra de acuerdo con la ley de gravitación obtenida por Newton; y aplicando esta ley es posible calcular las masas relativas de los dos cuerpos. Aun en el caso de que uno de los miembros del sistema sea invisible, el movimiento del otro en respuesta a los gravitones emitidos y absorbidos por el cuerpo inobservable suministrará información acerca de la masa de éste. Así fue cómo se detectó Sirio B por primera vez (véase pág. 58).

Una estrella doble que posea una componente demasiado pequeña para ser observada y que, por tanto, sólo sea detectable mediante medidas muy precisas de las diminutas evoluciones que describe la componente observable («astrometría»), se denomina «binaria astrométrica». El siglo XX ha presenciado binarias astrométricas mucho más evasivas que el sistema de Sirio.

En 1943 un equipo encabezado por el astrónomo holandés-americano Peter van de Kamp (n. 1901) estudió los movimientos de 61 Cygni (véase pág. 60). La estrella 61 Cygni es en realidad una binaria: está compuesta por 61 Cygni A y 61 Cygni B, ambas girando en torno a un centro de gravedad común. Sin embargo, la trayectoria de una de ellas serpenteaba muy ligeramente, pero lo suficiente como para delatar la presencia de un cuerpo de masa equivalente a 1/120 la del Sol. Una masa tan reducida —sólo ocho veces la del planeta Júpiter— no puede albergar reacciones nucleares con una intensidad suficiente para clasificar a la estrella ni siquiera entre las enanas. Por esta razón, el nuevo cuerpo, 61 Cygni C, fue considerado como un planeta (aunque ciertamente gigante): se trataba del primer cuerpo planetario que se descubría fuera de nuestro sistema solar. Desde entonces se han detectado otros cuerpos de la misma especie. En 1963 se llevó a cabo una observación detenida de la estrella de Barnard (véase pág. 52), detectándose una ligera ondulación en su movimiento propio que venía a indicar la presencia de masas planetarias. Van de Kamp sugirió en 1969 que dicha ondulación admitía una explicación óptima si se postulaba la presencia de dos planetas: uno que tuviera 1,1 veces la masa de Júpiter, y otro cuya masa fuese 0,8 veces la de éste. De estos dos planetas, el mayor sería el más próximo a la estrella de Barnard (a una distancia aproximadamente igual a la que media entre el Sol y la zona de asteroides), mientras que el menor se hallaría a una distancia igual a la que existe entre Júpiter y el Sol. Los períodos orbitales son de 12 y 26 años, respectivamente.

La tercera partícula de masa nula, el neutrino, se encuentra en una posición intermedia entre el gravitón y el fotón en cuanto a facilidad de detección. A diferencia del gravitón, el neutrino sí ha sido detectado, pero su observación ofrece muchas más dificultades que la del fotón.

La existencia del neutrino fue postulada en 1931 por el físico austriaco Wolfgang Pauli (1900-1958), como consecuencia de la necesidad de dar cuenta de ciertas interacciones de las partículas subatómicas que, de otro modo, resultaban inexplicables. Durante un cuarto de siglo el neutrino fue una ficción teórica, producto de la imaginación científica; más tarde, en 1956, los físicos americanos Clyde Lorrain Cowan, Jr. (n. 1919) y Frederick Reines (n. 1918) llevaron a cabo un experimento sumamente delicado que vino a demostrar de modo irrefutable la interacción (muy poco frecuente) de un neutrino con un protón. La existencia real del neutrino fue aceptada al instante por la comunidad científica.

Los neutrinos que se detectaron en 1965 habían sido producidos por la fisión del uranio dentro del núcleo de un reactor nuclear construido por el hombre. Naturalmente, en el interior de las estrellas también se producen neutrinos (aunque de un tipo algo diferente), y en cantidades inmensamente mayores (véase pág. 236). Sin embargo, los neutrinos poseen la propiedad de atravesar grandes masas de materia sin verse afectados en absoluto. A través de cada centímetro cuadrado de la sección transversal de la Tierra pasan cien mil millones de neutrinos cada segundo a la velocidad de la luz, sin percatarse siquiera de la presencia de la Tierra. Sólo muy de cuando en cuando interacciona un neutrino con alguna de las partículas del planeta.

Después de 1956 se emprendieron trabajos muy arduos para detectar, a través de estas interacciones esporádicas, los neutrinos nacidos en el Sol y en las estrellas. Reines, por ejemplo, montó un gigantesco aparato para la detección de neutrinos en una mina de oro de Sudáfrica situada a más de tres kilómetros por debajo de la superficie terrestre. El lector dirá que es extraño intentar estudiar los cielos desde un refugio subterráneo, pero lo cierto es que los neutrinos son capaces de alcanzar tales profundidades (o cualquier porción de la Tierra, hasta su mismo centro) sin dificultad alguna, mientras que las demás partículas detectables no. Finalmente, en 1965, y tras medio año de observaciones, Reines afirmó haber detectado siete neutrinos (¡siete!)

En 1968 Raymond Davis Jr. instaló una trampa de neutrinos aún más perfeccionada en una profunda mina de Dakota del Sur. Este aparato logró detectar, en efecto, neutrinos solares, pero en una cantidad que sólo representaba la mitad del mínimo establecido por cualquiera de los esquemas empleados por lo común para describir los procesos que se desarrollan en el interior del Sol. O nuestros conocimientos acerca del funcionamiento interno de las estrellas requiere una revisión a fondo, o estamos pasando por alto algún aspecto que resultará «obvio» una vez explicado, o bien el método de detección de neutrinos no es todo lo perfecto que debiera ser.

En cualquier caso, nos hallamos ante los primeros síntomas del nacimiento de la «astronomía del neutrino». Si en el futuro se consigue aumentar la eficacia de los métodos de detección, los conocimientos que se podrán adquirir serán muy valiosos. Dado que los neutrinos provienen directamente del corazón de las estrellas, analizando su distribución de energías será posible determinar la temperatura y otras propiedades de los núcleos estelares, y ello de un modo directo, no a través de deducciones mediatas e inciertas.

Rayos cósmicos

Mucho más espectacular es, empero, el bombardeo de la Tierra con partículas que poseen masa.

Ya en 1900 los físicos nucleares estaban estudiando el proceso en virtud del cual la radiación energética procedente de los átomos radiactivos chocaba y expelía los electrones de los átomos contenidos en la atmósfera. La parte remanente del átomo poseía una carga eléctrica positiva; estos fragmentos de átomo cargados se denominaron «iones positivos».

Con el tiempo se fue viendo cada vez más claro que por mucho cuidado que pusieran los físicos en blindar una muestra de aire —encerrándola en cajas de plomo, elemento que al parecer era impenetrable para la radiación—, seguían formándose poco a poco iones en el interior de la muestra. Al parecer, había que admitir la existencia de un tipo de radiación aún más energética que la que se había venido observando hasta entonces, una radiación capaz de atravesar un espesor de plomo que, en circunstancias normales, habría constituido un blindaje adecuado.

Los físicos, en general, dieron por supuesto que esta radiación especialmente energética provenía del suelo, pues al fin y al cabo era allí donde se hallaban las sustancias radiactivas. Con el fin de dejar sentada de una vez para siempre la cuestión, el físico austriaco Victor Franz Hess (1883-1964) organizó a partir de 1911 una serie de ascenciones en globo, con objeto de comprobar la presencia de esta radiación ionizante a una altura de varios kilómetros sobre la superficie terrestre. La capa de aire entre la superficie y el globo debería bastar para absorber cierta parte, como mínimo, de la radiación energética, con lo cual se comprobaría que la velocidad de formación de iones en el globo era menor que en la superficie.

Pero lo que se observó fue precisamente lo contrario. La velocidad de ionización aumentaba; y cuanto más alto ascendía el globo, tanto mayor era el aumento. No cabía duda: el origen de la radiación no se hallaba por debajo del globo, en la superficie de la Tierra, sino por encima de ella. Hess llamó a este tipo de radiación «radiación de gran altura». A lo largo de la década siguiente los resultados de Hess se vieron confirmados una y otra vez, lo cual demostraba claramente que la radiación incidía sobre la Tierra desde todas las direcciones y que aquélla debía provenir de fuentes localizadas en algún lugar del espacio. Dado que la radiación que llegaba a la Tierra procedía del Universo exterior (cosmos), el físico americano Robert Andrews Millikan (1868-1953) le dio en 1925 el nombre de «rayos cósmicos», denominación que se ha conservado desde entonces.

A renglón seguido se planteó el problema de averiguar en qué consistía exactamente la naturaleza de los rayos cósmicos. Dos eran las variantes que parecían más probables: o bien se trataba de fotones en extremo energéticos, de longitud de onda más corta —y por tanto de más energía— que cualquiera de los que se habían observado hasta entonces, o bien eran partículas masivas de velocidad muy alta cuya insólita energía se derivaba de la combinación de una gran masa con una velocidad muy elevada.

Todas las partículas masivas que se conocían en los años veinte poseían carga eléctrica, lo cual hacía suponer que ello seguiría siendo cierto para los rayos cósmicos, caso de que cayeran dentro de esta categoría. Y de aquí se seguía que si bien los rayos cósmicos se aproximaban a la Tierra por igual desde todas las direcciones, deberían incidir con mayor frecuencia en las regiones polares que en los trópicos.

Esto era consecuencia del hecho de que la Tierra se comporta como un imán cuyos polos magnéticos norte y sur estuvieran localizados en las regiones polares, y cuyas líneas de fuerza magnéticas se curvaran hacia afuera de norte a sur, alcanzando una separación máxima en los trópicos y un espaciamiento mínimo en las regiones polares. Cualquier partícula cargada que penetrara en el campo magnético de la Tierra sería desviada bien hacia el norte, bien hacia el sur, de acuerdo con una interacción perfectamente conocida por los físicos de aquellos tiempos.

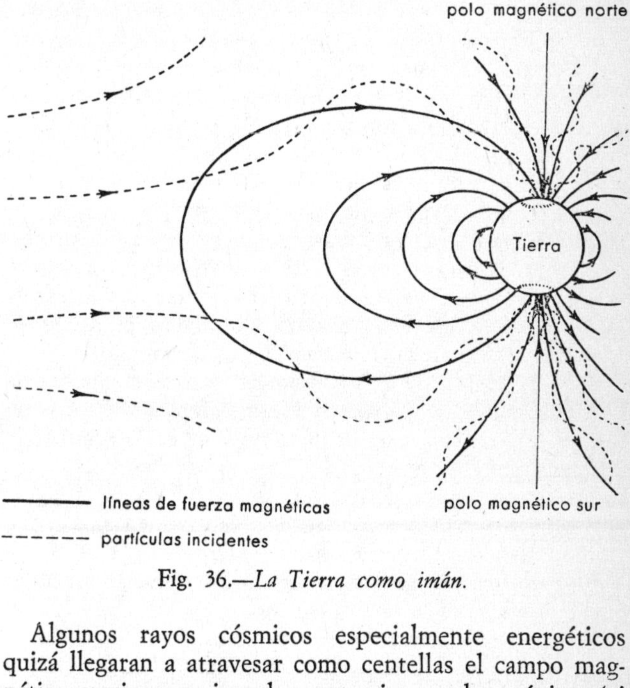

Fig. 36.—*La Tierra como imán.*

Algunos rayos cósmicos especialmente energéticos quizá llegaran a atravesar como centellas el campo magnético gracias a su impulso y aterrizar en los trópicos (si es que era éste su punto de destino), pero en líneas generales la incidencia de tal radiación debería ir aumentando de una forma continua a medida que se avanzara hacia el norte o hacia el sur a partir del ecuador.

Por otra parte, los fotones, desprovistos como están de toda carga eléctrica, no se verían afectados de un modo apreciable por el campo magnético de la Tierra. Si los rayos cósmicos fueran fotones y se aproximaran a nuestro planeta por igual en todas direcciones, la lluvia de esta radiación debería distribuirse de un modo uniforme por toda la superficie terrestre.

A partir de 1930 Compton realizó una serie de estudios extensivos sobre los rayos cósmicos en diferentes partes del mundo, constatando que efectivamente la intensidad aumentaba con la latitud, tal y como cabía esperar en el caso de que los rayos fuesen partículas cargadas.

Quedaba aún por averiguar si las partículas estaban cargadas positiva o negativamente. El físico italiano Bruno Rossi (n. 1905) señaló en 1930 que la naturaleza de la desviación de los rayos cósmicos debía ser distinta según el signo de la carga. Las partículas cargadas positivamente se desviarían de tal modo que un observador terrestre vería incidir un número mayor de partículas desde el Oeste que desde el Este, mientras que para partículas con carga negativa ocurriría lo contrario. Hacia 1935 el dictamen era ya claro: los rayos cósmicos se componían de partículas cargadas positivamente.

Esto es cierto para la forma en que se encuentra la radiación antes de entrar en la atmósfera terrestre («radiación primaria»). Una vez que penetra en la atmósfera, colisiona con los átomos de ésta, dando lugar a varios tipos de partículas de energía menor, aunque todavía muy alta («radiación secundaria»). Naturalmente, la radiación que más les interesa a los astrónomos es la primaria.

Para alcanzar la radiación primaria es preciso ascender como mínimo hasta la estratosfera, dejando atrás la mayor parte de las moléculas de aire, causantes de colisiones e interferencias. Hacia finales de la década de los treinta se inició una serie de ascensiones en globo encaminadas a este fin, utilizando nuevas materias plásticas más ligeras y herméticas que los productos disponibles hasta entonces. De este modo se alcanzaron alturas de hasta 21 kilómetros, dejando atrás un 97% de la atmósfera.

Como resultado de estos experimentos se comprobó que la radiación primaria consistía principalmente en protones (núcleos de hidrógeno-1) que se movían casi a la velocidad de la luz. Hacia los años 1960-69 no cabía ya duda de que aproximadamente un 90% de todas las partículas energéticas de la radiación primaria eran protones. Otro 9% estaba compuesto por núcleos de helio-4, y el resto por núcleos de átomos aún más pesados, incluidos el uranio y elementos más allá del uranio, es decir, los átomos más complejos que se dan en la Tierra en cantidades apreciables. Fue en 1967 cuando se detectaron en los rayos cósmicos los primeros núcleos más masivos que los del uranio.

En resumen, los rayos cósmicos estaban compuestos de la materia general del espacio interestelar, si bien animada por un movimiento rapidísimo y en posesión de una concentración de energía casi inimaginable.

En los últimos años los físicos han logrado construir gigantescos «aceleradores de partículas», aparatos muy costosos y complicados que pueden dotar a una partícula con energías de hasta treinta mil millones de electrónvoltios («30 BeV»). La magnitud de esta concentración de energía cabe juzgarla si la comparamos con la de un fotón de luz ordinario, que puede ser algo así como de dos electrón-voltios («2 eV»).

Así pues, el hombre es capaz de producir protones con energías de hasta quince mil millones de veces la de un fotón luminoso, y tales energías sí representan una aproximación al nivel energético de los rayos cósmicos (esta es la razón de que uno de los aceleradores de partículas gigantes recibiera el nombre de «cosmotrón»).

Pero aun las creaciones más enorgullecedoras del hombre no logran alcanzar sino los niveles energéticos inferiores de los rayos cósmicos. Muchas de las partículas de los rayos cósmicos inciden en la atmósfera terrestre con energías muy superiores a los 30 BeV; algunas llegan incluso a 1.000.000 de BeV y más.

Fuentes de rayos cósmicos

Ahora bien, ¿de dónde provienen los rayos cósmicos? ¿Qué es lo que les confiere a algunos de ellos energías tan tremendas?

Un origen lógico podría ser el Sol, pero esta hipótesis fue rechazada casi de inmediato (al menos como una de las fuentes principales), pues los rayos cósmicos inciden sobre la Tierra desde todas las direcciones por igual: la frecuencia es la misma en la dirección del Sol que en la opuesta. Aun admitiendo que los rayos cósmicos (caso de que se originaran en el Sol) sufrieran una desviación en el campo magnético terrestre, y que algunos de ellos se vieran incluso empujados hasta la parte trasera de nuestro planeta, resulta inadmisible pensar que el resultado final de tal desviación fuese una distribución completamente uniforme de los rayos cósmicos a través de toda la superficie de la Tierra. Por consiguiente, la fuente tenía que estar localizada fuera del sistema solar, sin olvidar que la distribución uniforme del influjo de rayos cósmicos prohibía atribuir el fenómeno a un objeto particular del Universo.

Y sin embargo, no se podía decartar al Sol completamente. El sistema de radiación del Sol no es del todo uniforme; su superficie se encuentra salpicada de «manchas solares», regiones de temperatura relativamente baja que, por esta razón, destacan como zonas oscuras contra un fondo que es más caliente y brillante. Las manchas solares van acompañadas de campos magnéticos, y la acumulación de energía en estos campos se manifiesta a veces de forma violenta.

Una de estas manifestaciones es la «erupción solar», o abrillantamiento súbito de una zona irregular próxima a una mancha solar. La primera observación (al menos de las que tenemos noticia) de una erupción solar fue efectuada en 1859 por el astrónomo inglés Richard Christopher Carrington (1826-1875), quien atribuyó este abrillantamiento repentino del disco solar a la caída de un gran meteoro (en la línea de las ideas de Helmholtz en aquel tiempo). Sin embargo, casi inmediatamente después de dicha observación se registró un comportamiento anómalo en las brújulas, y la aurora boreal de las regiones polares adquirió un brillo desusado.

Desde entonces, la asociación de las erupciones solares

con tales «tormentas magnéticas» ha sido inconfundible. Naturalmente, no todas las erupciones dan lugar a estos fenómenos magnéticos, sino sólo aquellas que ocupan una posición más o menos central en la cara del Sol y que, por tanto, apuntan directamente hacia nosotros. Al parecer, las grandes energías que van asociadas con las erupciones bastan para lanzar al espacio cantidades ingentes de partículas subatómicas. Dado que en todo momento se están produciendo erupciones y otros fenómenos energéticos aquí y allá en la superficie del Sol, cabe imaginar este astro como rodeado por una nube de partículas energéticas cargadas que salen despedidas de aquél en todas direcciones. Es lo que se denomina el «viento solar».

La existencia real de este viento solar quedó confirmada en 1958 mediante una serie de experimentos con cohetes. La velocidad con que las partículas son emitidas por el Sol hacia el exterior puede llegar a alcanzar los 720 kilómetros por segundo; a esta velocidad las partículas poseen una cantidad insólita de energía cinética. Antes de la década pasada se creía, por ejemplo, que la cola de los cometas fluía en dirección opuesta a la del Sol debido a la presión que ejercía la radiación solar sobre las diminutas partículas de que se componía la cola. Al parecer, esto no es cierto; es la fuerza del viento solar la causante de dicho efecto.

No es preciso decir que las partículas cargadas del viento solar tendrán que interaccionar con el campo magnético terrestre al aproximarse a nuestro planeta. Tal y como predijo el científico amateur griego (ahora físico profesional) Nicholas Christofilos en 1957, las partículas cargadas que componen el viento solar se verían desviadas por las líneas de fuerza magnéticas, describiendo una trayectoria espiral en torno a ellas desde el polo magnético norte hasta el polo magnético sur, para volver luego de nuevo al polo norte y formar así una región de alta densidad de carga alrededor de la Tierra, muy por encima de su atmósfera. Esta teoría no fue tomada en serio al principio (en parte porque Christofilos era un aficionado), pero en 1958 una serie de observaciones con cohetes, llevadas a cabo bajo la dirección del físico americano James Alfred Van Allen (n. 1914), vinieron a demostrar la existencia real de tales regiones. En principio recibieron el nombre de «cinturones de Van Allen», y más tarde el de «magnetosfera».

Las fronteras de la magnetosfera están conformadas —debido al viento solar— en una especie de gota aerodinámica. En la dirección del Sol la magnetosfera presenta un perfil redondeado y chato; en la dirección opuesta se extiende en una larga cola.

La presencia de una erupción solar apuntando en dirección a nuestro planeta origina una intensificación local del viento solar, algo así como un huracán de partículas cargadas que cayera sobre nosotros, invadiendo e inundando la magnetosfera. Las partículas se derraman principalmente sobre las regiones polares de la Tierra, dando lugar a un acentuamiento de la aurora boreal e introduciendo en el campo magnético irregularidades tales como la de hacer temblar la aguja de una brújula. Desde el punto de vista práctico, las erupciones solares tienen un efecto más importante que el que acabamos de reseñar, y es que alteran las propiedades de aquellas secciones de la alta atmósfera que normalmente contienen una concentración elevada de cargas electrónicas en forma de iones (de ahí que dicha sección de la atmósfera se llame «ionosfera»). Como consecuencia de ello, las tormentas magnéticas perturban el funcionamiento de los sistemas de radio, e incluso de cualquier dispositivo que interaccione con la radiación de la ionosfera.

La energía de las partículas que van a parar al viento solar varía naturalmente con la intensidad y la fuerza de la erupción. ¿Qué ocurre cuando se produce una erupción realmente grande? En 1942 se registró una de estas características y a renglón seguido se observó un aumento pasajero del influjo de rayos cósmicos. Tal correlación ha sido observada desde entonces en diversas ocasiones, lo cual demuestra que el Sol *puede* actuar como fuente de rayos cósmicos, al menos en determinadas circunstancias. Los rayos cósmicos solares son «blandos», es decir, relativamente poco energéticos, con energías que oscilan entre 0,5 y 2 BeV. Pero esto no resta validez, en modo alguno, a la conclusión anterior.

¿No será que las estrellas, en general, producen rayos cósmicos como resultado de erupciones o de otros fenómenos? Acaso sea que al pasar los rayos cósmicos a través de los vastos espacios interestelares se vean desviados una y otra vez por los campos magnéticos locales, hasta que por último desaparece todo indicio de la dirección de marcha originaria. Tales campos magnéticos locales existen de hecho. El Sol, por ejemplo, posee un intenso campo magnético concentrado en las manchas solares, como demostró ya en 1907 el astrónomo americano George Ellery Hale (1868-1938). Asimismo, el astrónomo americano Horace Welcome Babcock (n. 1912) detectó en 1947 campos similares en algunas otras estrellas.

Así pues, en último término, y gracias a tales campos magnéticos, las partículas de los rayos cósmicos llegarían a moverse en direcciones aleatorias, hasta el punto de que parecerían provenir por igual de todas direcciones, sin presentar una concentración máxima en el plano de la Vía Láctea, que es donde se halla la mayor parte de las estrellas [3].

Esta explicación no es del todo satisfactoria; pues si todas las estrellas contribuyeran equitativamente a la producción de rayos cósmicos, entonces el Sol, siendo el astro más próximo, haría sombra, digámoslo así, al resto de las estrellas, igual que ocurre con la producción de luz. En ese caso, el influjo de rayos cósmicos debería mostrar una descompensación muy marcada en la dirección del Sol, lo cual no es cierto.

Por consiguiente, es preciso concluir que algunas estrellas son mucho más pródigas que el Sol en la producción de partículas de rayos cósmicos. Existen, por ejemplo, ciertas estrellas variables cuya variación se debe a la producción periódica de grandes erupciones. Es posible que estas «estrellas eruptivas» constituyan ricas fuentes de rayos cósmicos. Y luego están, cómo no, las supernovas.

El influjo de rayos cósmicos procedentes de tales miembros (cabría decir «especializados») de la Galaxia es capaz de ahogar por completo la ridícula producción de las estrellas ordinarias, incluso de nuestro propio Sol.

Mas ello no resuelve el problema de la energía de los rayos cósmicos. Si el Sol es capaz de producir partículas de 1 BeV de energía, no es nada sorprendente que una supernova esté en condiciones de dar origen a energías mucho mayores, pero nunca de miles de millones de BeV. Ninguna de las reacciones nucleares conocidas es capaz de producir —ni siquiera en las supernovas más calientes y violentas— partículas tan energéticas como muchas de las que existen en los rayos cósmicos.

Ahora bien, ¿es necesario, en realidad, que todas las partículas posean desde el mismo momento de su formación tales energías? El físico italo-americano Enrico Fermi (1901-1954) sugirió en 1951 otra posibilidad. Supongamos que las partículas de los rayos cósmicos se producen a energías bastante moderadas (de algunos BeV) y que el campo magnético de la Galaxia las acelerara, aumentando así su energía primitiva.

El proceso sería análogo al de los ciclotrones construidos por el hombre. Estos dispositivos obligan a las partículas cargadas a girar en círculos bajo la influencia de un campo magnético, comunicándoles nueva energía al cabo de cada ciclo. A medida que las partículas van adquiriendo energía, la desviación producida por el campo es cada vez menor, hasta que, por último, no pueden permanecer dentro de los confines del ciclotrón y salen despedidas a grandes energías.

Las intensidades magnéticas de los imanes construidos por el hombre superan con mucho a las del campo magnético de la Galaxia, pero en cambio éste se extiende a lo largo de varios miles de años-luz. Aunque la aceleración que experimentan las partículas de los rayos cósmicos sea muy lenta, al cabo de evos enteros de tiempo pueden llegar a alcanzar energías efectivamente muy altas.

En cualquier momento de su viaje puede ocurrir que

estas partículas se estrellen contra algún obstáculo, tal como nuestro propio planeta. Esto significa que estaríamos sometidos a un amplio espectro de energías, pues la energía de una partícula dada dependería en gran medida del tiempo que llevara viajando antes de chocar contra nosotros. Cuanto más largo fuese este viaje previo, tanto mayor sería la energía en el momento del choque.

Ahora bien, conforme una partícula de rayos cósmicos va ganando energía, la desviación que sufre bajo la influencia del campo magnético es cada vez menor; llega entonces un momento en que su trayectoria es tan recta que ni siquiera la inmensa anchura de la Galaxia bastará para retenerla. Cuando la energía de la partícula se aproxima a los cien millones de BeV, ésta sale despedida del ciclotrón galáctico, si se nos permite esta expresión.

Dicho con otras palabras: si nuestra Galaxia fuese la única fuente de partículas de rayos cósmicos, no cabe esperar energías superiores a los cien millones de BeV. No obstante, en ocasiones se detectan energías mayores, hasta diez mil millones de BeV como mínimo. La única hipótesis que se puede hacer es que tales partículas superenergéticas se originen en galaxias cuyos campos magnéticos son más intensos que el de la nuestra, galaxias que han explotado, implotado o, en general, que han experimentado cambios catastróficos que superan con creces a las supernovas ordinarias. Estas catástrofes galácticas liberarían energías gigantescas y verdaderas olas de rayos cósmicos en la región de los miles de millones de BeV.

Estas partículas superenergéticas, tras salir despedidas finalmente de su galaxia madre sin tener la mala fortuna de chocar con un trozo cualquiera de materia, cruzan el espacio intergaláctico, pasan por casualidad a través de nuestra Galaxia e inciden sobre nuestro planeta.

17. Fotones energéticos

El espectro electromagnético

Pero volvamos ahora al fotón. Antes de 1800, los únicos fotones que conocía el hombre eran los de la luz visible, aquéllos precisamente que era capaz de percibir de un modo directo. La longitud de onda de la luz visible oscila entre 0,000076 centímetros en el extremo rojo del espectro y la mitad de ese valor, ó 0,000038 centímetros, en el extremo violeta. La energía de los fotones de la luz es inversamente proporcional a su longitud de onda. Por consiguiente, como hemos dicho que la longitud de onda de la luz en el extremo violeta es la mitad de la del extremo rojo, los fotones de la luz violeta tendrán un contenido de energía doble que el de los fotones de la luz roja. El contenido energético de los fotones de la luz visible varía entre 1,5 electrón-voltios (1,5 eV) en el extremo rojo del espectro y 3,0 eV en el extremo violeta.

Más tarde, durante los primeros años del siglo XIX, se descubrieron las radiaciones infrarroja y ultravioleta (véase pág. 92). El contenido energético de los fotones infrarrojos es, naturalmente, menor que 1,5 eV, mientras que el de los fotones ultravioletas supera los 3,0 eV.

Una cuestión que permaneció sin resolver durante buena parte del siglo XIX fue la de hasta qué punto se extendía la región infrarroja del espectro en la dirección de las energías decrecientes, y hasta dónde llegaba la región ultravioleta en la dirección opuesta, es decir, la de energías cada vez mayores.

Sin embargo, en 1861 el físico escocés James Clerk Maxwell (1831-1879) desarrolló una teoría global de la electricidad y del magnetismo que ponía de manifiesto la relación íntima e inseparable que ligaba a estos dos tipos de energía. (Como consecuencia de esta teoría sólo es lícito hablar de un «campo electromagnético», fusionando los dos tipos de energía en uno solo). Maxwell demostró asimismo que una variación periódica en la intensidad de un campo de este tipo produce una forma ondulatoria que se aleja de la fuente de variación a la velocidad de la luz. Efectivamente, la propia luz era considerada como una forma de esa «radiación electromagnética».

Puesto que el campo electromagnético puede variar con un período cualquiera, la radiación electromagnética puede tener también cualquier longitud de onda. Por tanto, debían existir radiaciones electromagnéticas con longitudes de onda mucho más grandes que el infrarrojo, y otras cuyas longitudes de onda fuesen mucho más cortas que el ultravioleta.

Poco tiempo pasó antes de que esta predicción se viera confirmada. En 1888 el físico alemán Heinrich Rudolf Hertz (1857-1894) logró producir ondas electromagnéticas de longitud de onda enorme. Tal radiación (que al principio recibió el nombre de «ondas hertzianas») se utilizó más tarde en la comunicación radiotelegráfica, es decir, comunicación no por medio de corrientes eléctricas a través de hilos (como en el telégrafo ordinario), sino por medio de ondas radiadas (de ahí el prefijo «radio-») a través del espacio. A la luz de las consideraciones anteriores cabría esperar que este tipo de radiación se llamara ondas radiotelegráficas, pero el término que se afincó fue la forma abreviada de «ondas de radio» o «radioondas».

En 1895 el físico alemán Wilhelm Konrad Röntgen (1845-1923) demostró la existencia de una forma de radiación que resultó ser de naturaleza electromagnética y que poseía una longitud de onda extremadamente corta. Röntgen la llamó «rayos X» como confesión de su ignorancia acerca de la naturaleza de esta radiación, y esa denominación ha persistido desde entonces, aun después de disipada dicha ignorancia.

Las tres variedades de radiación procedentes de las sustancias radiactivas (descubiertas por Becquerel en 1896) fueron bautizadas por Rutherford con las tres primeras letras del alfabeto griego: «rayos alfa», «rayos beta» y «rayos gamma». De estas tres radiaciones, sólo los rayos gamma resultaron ser de naturaleza electromagnética: se trataba de una forma de radiación de longitud de onda aún más corta que la de los rayos X.

Así pues, hacia principios del siglo XX los físicos se hallaban en posesión de un enorme «espectro electromagnético» que se extendía a lo largo de unas sesenta octavas (es decir, la longitud de onda se duplicaba sesenta veces desde la más corta a la más larga). Esto equivale a decir que las ondas más largas eran 2^{60} —o aproximadamente 1.000.000.000.000.000.000 (un trillón)— veces superiores a las más cortas. De esta gama tan amplia, la luz visible cubría únicamente una octava.

El espectro electromagnético es continuo, y no existe salto alguno entre una forma de radiación y otra. Las clasificaciones que el hombre ha impuesto a este espectro son puramente arbitrarias: en el caso de la gama visible, la clasificación depende de la capacidad humana para percibir la luz de un modo directo; en el caso de las restantes porciones del espectro depende de los accidentes de la historia de los descubrimientos. Estas clasificaciones o fronteras arbitrarias se suelen describir en función de la longitud de onda, o bien de la frecuencia (el número de longitudes de onda producidas por segundo). Nosotros, sin embargo, las describiremos en este libro en función del contenido energético de los fotones que componen la radiación, valor que es directamente proporcional a la frecuencia.

Las radiaciones electromagnéticas de longitud de onda más larga (y, por consiguiente, compuestas de fotones de mínima energía) son las radioondas. En un sentido amplio, las radioondas contienen fotones de 0,001 eV para abajo. Pero dado que esta gama es muy amplia y resulta muy incómoda de manejar, a menudo se descompone en tres regiones: radioondas largas, radioondas cortas y radioondas muy cortas. Estas últimas se denominan hoy día con frecuencia «microondas». El contenido energético de los fotones sería el siguiente:

Radioondas largas — cero a 0,00000001 eV
Radioondas cortas — 0,00000001 eV a 0,00001 eV
Microondas — 0,00001 a 0,001 eV

La región infrarroja se puede dividir a su vez en infrarrojo lejano, infrarrojo medio e infrarrojo próximo, a medida que la longitud de onda se acorta y aumenta la energía de los fotones:

Infrarrojo lejano — 0,001 a 0,03 eV
Infrarrojo medio — 0,03 a 0,3 eV
Infrarrojo próximo — 0,3 a 1,5 eV

La región visible se encuentra, como ya dijimos anteriormente, entre 1,5 y 3,0 eV. Atendiendo al color, las energías se pueden clasificar del modo siguiente (se trata de promedios):

Rojo — 1,6 eV
Naranja — 1,8 eV
Amarillo — 2,0 eV
Verde — 2,2 eV
Azul — 2,4 eV
Violeta — 2,7 eV

Las radiaciones electromagnéticas consistentes en fotones de energía mayor que la de los de la luz visible comprenden, en orden creciente de energía, el ultravioleta próximo, el ultravioleta lejano, los rayos X y los rayos gamma:

Ultravioleta próximo — 3 a 6 eV
Ultravioleta lejano — 6 a 100 eV
Rayos X — 100 a 100.000 eV
Rayos gamma — de 100.000 eV en adelante.

Estrellas de rayos X

Naturalmente, la cuestión que surge ahora es la siguiente: hasta dónde se extienden, dentro del espectro electromagnético total, los espectros del Sol y las estrellas. En este sentido queda fuera de toda duda que el espectro solar no está restringido a la octava visible, pues tanto la radiación infrarroja como la ultravioleta fueron detectadas por primera vez precisamente en dicho espectro.

Ahora bien, las investigaciones que se pueden llevar a cabo acerca de las regiones situadas más allá de los bordes visibles del espectro solar poseen un límite tajante, al menos en lo que se refiere a las investigaciones efectuadas desde la superficie terrestre. Y ello se debe a que la atmósfera, aunque transparente en la región de la luz visible, es bastante opaca para casi todas las demás regiones del espectro electromagnético. Aunque muy bien pudiera ser que el Sol fuese rico en radiación perteneciente al ultravioleta e infrarrojo lejanos, tal radiación no podría llegar hasta nosotros, estando como estamos bajo un colchón de aire de varios kilómetros de espesor. Hasta bien entrado el siglo XX nada pudo hacerse para remediar esta situación.

Pero hacia mediados del siglo presente la tecnología del hombre consiguió que la atmósfera dejara de ser esa barrera impenetrable que fue en un tiempo. Los aviones fueron capaces de remontarse hasta la estratosfera y permanecer allí durante horas; los globos podían subir a alturas aún mayores y permanecer allí durante días enteros; y los cohetes y satélites estaban en condiciones de elevarse por encima incluso de la atmósfera y permanecer allí durante semanas, meses y años.

Las observaciones astronómicas efectuadas desde la estratosfera y desde regiones aún más altas tenían la ventaja de poder aprovechar toda la gama de energías de los fotones, sin tener que limitarse a las pocas variedades capaces de penetrar sin interferencias hasta el fondo del océano de aire dentro del cual nos movemos y vivimos. En 1964, por ejemplo, se logró estudiar la porción infrarroja de la luz reflejada por el planeta Venus, haciendo uso de un telescopio montado en un globo. Las bandas de absorción que se hallaron en el espectro infrarrojo del planeta delataban claramente la presencia de cristales de hielo en las nubes de Venus, deduciéndose de ello que éstas se componían probablemente de agua. Desde la superficie de la Tierra habría resultado difícil, cuando no imposible, llegar a tal conclusión de un modo inequívoco; pues desde la superficie terrestre la porción interesante del espectro permanece oculta, y cualquier efecto que el contenido de agua de la atmósfera de Venus tuviera sobre la porción espectral visible desde la superficie terrestre necesariamente se vería enmascarado —en mayor o en menor medida— por el vapor de agua presente en la atmósfera de la Tierra.

Por otra parte, desde un globo se pueden tomar fotografías solares mucho más precisas que desde la superficie terrestre. De este modo, se logró aplicar los métodos fotográficos hasta la región ultravioleta del espectro solar, y (sobre todo después de que entraran en uso los cohetes espaciales) fue posible registrar y medir miles de rayas de absorción que desde la Tierra habrían permanecido para siempre invisibles.

Pero no es el Sol el único que se ha beneficiado de esta extensión del alcance espectral. En 1968 ciertas observaciones llevadas a cabo desde satélites cuya órbita estaba situada más allá de la atmósfera terrestre revelaron que la radiación ultravioleta de los núcleos de diversas galaxias (entre ellas la de Andrómeda) era varias veces más intensa que lo que se había esperado.

Tampoco es necesario pararnos en el ultravioleta. Ya en 1949 se descubrió que el espectro solar penetraba en la región de los rayos X en una medida mucho mayor de lo que se había estimado como posible. Pues, en general, cuanto más alta es la temperatura de un cuerpo, mayor es la cantidad de fotones altamente energéticos que emite, hecho que por lo demás ya demostró Wien (véase pág. 167) antes de que se sospechase la existencia de los fotones. Y la temperatura superficial del Sol no era, en modo alguno, suficientemente alta para emitir rayos X.

La superficie del Sol, con sus 6.000°C de temperatura, tiene su pico de radiación en la región de la luz visible, y los fotones que emite con mayor profusión poseen un contenido energético de varios electrón-voltios. El hecho de que se emitiesen grandes cantidades de fotones de rayos X, con energías de cientos e incluso miles de electrón-voltios, implicaba la presencia de temperaturas mucho más altas. Tales temperaturas no se daban en la tranquila superficie del Sol, pero sí en la «corona» (su rarificada atmósfera exterior. Aquí, en la corona, la distribución de las partículas era muy dispersa; y como consecuencia del vapuleo a que éstas se veían sometidas por parte, probablemente, de ondas de choque procedentes de la baja atmósfera, las partículas adquirían un movimiento extremadamente rápido. Las energías impartidas a estas partículas equivalían a temperaturas de 500.000°C como mínimo. Y cuando se producía una erupción solar, la temperatura de la parte correspondiente de la corona aumentaba hasta millones de grados.

Ahora bien, a pesar de que cada una de las partículas de la corona por separado era sobremanera energética, el calor total de la corona no pasaba de ser pequeño, debido a que el número total de partículas era relativamente exiguo. El calor de la corona no constituye peligro alguno para la Tierra. (Es curioso constatar que existen razones para pensar que las briznas más exteriores de la corona se extienden desde el Sol hasta más allá de la órbita terrestre, por lo cual en cierto modo se puede decir que la Tierra gira dentro de la atmósfera solar, aunque ello no afecta desde luego a nuestro planeta de un modo sensible.)

La fuente de los rayos X solares es la corona y las erupciones. Y son precisamente las altas temperaturas, o mejor dicho, las enormes energías cinéticas correspondientes a las temperaturas de dichas regiones, las que arrancan tal profusión de electrones de los átomos, originando líneas espectrales totalmente nuevas: líneas que en años anteriores fueron interpretadas como representantes de un nuevo elemento llamado coronio (véase pág. 182).

Al mismo tiempo se emprendió también la búsqueda de fotones energéticos procedentes de orígenes distintos del Sol. En ciertos aspectos los fotones energéticos gozarían de grandes ventajas con respecto a las partículas energéticas de los rayos cósmicos. Los fotones, al carecer de carga, no se verían afectados por los campos magnéticos y viajarían sin desviarse de su trayectoria. De este modo se podría identificar la fuente de fotones, o al menos la dirección de donde provenían. Así fue como en 1956 y en los años subsiguientes se descubrieron ciertas regiones particularmente ricas en radiación ultravioleta; tampoco resultó difícil averiguar que las más notables de estas fuentes se hallaban localizadas en las constelaciones de Orión y Virgo.

En el caso de Orión, la radiación energética parecía asociada con las nebulosas luminosas que rodean a las estrellas especialmente calientes. En cierto modo, estas nebulosas parecían ser algo así como coronas de gran extensión, calentadas desde dentro por la abundantísima energía de las estrellas que se encuentran en su interior, igual que la corona solar es calentada por el Sol.

Una vez más, los fotones de rayos X trajeron consigo algunas sorpresas. No cabía duda de que el Sol radiaba rayos X; pero en ausencia de erupciones la radiación se reducía drásticamente. Los rayos X solares se podían detectar gracias únicamente a la gran proximidad del Sol. De las demás estrellas no cabía esperar que hiciesen llegar sus rayos X hasta nosotros desde distancias interestelares tan enormes.

No obstante, cierto equipo de investigadores, entre los que figuraba Bruno Rossi, estaba interesado en averiguar si los rayos X solares eran reflejados o no por la Luna (cuya superficie, a diferencia de la terrestre, *no* estaba protegida por ninguna clase de atmósfera). En 1962 se lanzaron cohetes especiales equipados con instrumentos para detectar rayos X, que efectivamente fueron detectados, mas no procedentes de la Luna, sino en la dirección del centro galáctico.

Al año siguiente un grupo encabezado por el astrónomo americano Herbert Friedman (n. 1916) lanzó otra serie de cohetes con el fin de escudriñar los cielos en busca de fuentes de rayos X y fijar sus posiciones con la mayor exactitud posible. A lo largo de los dos años subsiguientes se detectaron de este modo unas treinta regiones con actividad de rayos X, concentradas en la dirección del centro galáctico. En la totalidad de la Galaxia acaso existan unas 1.250 regiones de este tipo. La más intensa de ellas, y que quizá sólo se halle a 100 años-luz de distancia, fue localizada en la constelación de Escorpión. Esta fuente, denominada hoy día Sco XR-1, quizá fue la que detectaron los dispositivos de observación durante aquel primer vuelo de 1962.

La fuente que seguía a Sco XR-1 en intensidad (un octavo de la intensidad de ésta) parecía estar localizada en la nebulosa del Cangrejo [1]. Su nombre es Tau XR-1. Ahora bien, esta comparación puede inducir a error, pues Sco XR-1 es más intensa debido a que es mucho más cercana. En igualdad de distancias, la nebulosa del Cangrejo sería quizá cien veces más intensa que Sco XR-1.

Uno de los problemas más intrigantes estribaba en la naturaleza de estos objetos cuya radiación de rayos X era tan intensa que se dejaban detectar a muchos años-luz de distancia. Una vez más había que suponer la existencia de temperaturas de millones de grados, pero en este caso —y dada la abundancia de la radiación— la energía total tendría que ser muy superior a la de la corona solar. Incluso cabría pensar que se trata de procesos del núcleo central de las estrellas. ¿Será acaso el resultado de una explosión tipo supernova? La nebulosa del Cangrejo son los restos de una tal explosión ocurrida hace unos mil años, y Sco XR-1 bien pudiera ser las reliquias de una supernova de unos 500.000 años de edad. Pero ni siquiera esto es suficiente.

Las temperaturas que necesitamos pueden derivarse de contracciones catastróficas de proporciones mucho mayores que las que intervienen en la conversión de supernovas en enanas blancas ordinarias. La materia degenerada de que se compone una enana blanca está constituida por protones, neutrones y electrones. De estas tres partículas, la componente crucial son los electrones. Los electrones son menos compactos que los protones y neutrones, y, por consiguiente, muestran mayor resistencia a la compresión que estos últimos. Mientras la masa de la enana blanca no sea superior a 1,4 veces la del Sol (véase pág. 233), los electrones son capaces de mantener expandida la estrella hasta un volumen planetario como mínimo, incluso en contra de la enorme fuerza de compresión que ejerce su campo gravitatorio, concentrado como está hasta grados insospechados. Si la masa de la enana blanca es superior a 1,4 veces la del Sol, entonces ni siquiera los electrones son capaces de resistir la fuerza compresiva de este nuevo y más intenso campo gravitatorio.

Una estrella ordinaria con una masa superior a 1,4 veces la del Sol perdería gran parte de su masa al sufrir una explosión tipo supernova, y la parte restante se hallaría, muy probablemente, por debajo de la marca crucial para la formación de una enana blanca. Pero ¿y si no ocurriera así?

En ese caso la compresión, lejos de pararse en el estadio de enana blanca, continuaría: los electrones se funden con los protones para formar neutrones, y el total se convierte en una masa de neutrones en contacto mutuo. Una «estrella de neutrones» tal contendría la masa de un par de Soles en una esfera no superior a los veinte kilómetros de diámetro. Estaría compuesta de neutronio, o del «ylem» de Gamow. Vendría a ser un fragmento minúsculo de la sustancia que, según los partidarios de la teoría del «big bang», constituía el huevo cósmico. Por esta misma razón, la sola existencia de tales estrellas de neutrones sería un pequeño punto a favor de la teoría del «big bang».

Los teóricos opinan que durante cierto período después de su formación, la estrella de neutrones poseería una temperatura uniforme a través de toda su estructura: una temperatura de unos 10.000.000ºC. Como consecuencia de ello, liberaría un torrente furioso de rayos X, constituyendo así una fuente de rayos X muy efectiva. Es decir, una estrella de neutrones sería al mismo tiempo una «estrella de rayos X».

El problema de la existencia de estrellas de neutrones es preciso someterlo, si es posible, a una prueba de observación. Si la fuente de rayos X es efectivamente una estrella de neutrones, entonces aquéllos emergen de un punto del espacio. Ningún dispositivo de detección que seamos capaces de construir podría aumentar un cuerpo de apenas veinte kilómetros de diámetro y situado a miles de años-luz de nosotros (como ocurre con la nebulosa del Cangrejo) hasta un tamaño superior al de un simple punto. Por otra parte, si los rayos X emergen de una zona relativamente extensa del espacio, entonces es probable que la fuente esté constituida por una región turbulenta de gas y polvo, lo cual vendría a debilitar la hipótesis de las estrellas de neutrones. (La hipótesis no quedaría eliminada del todo, pues podría suceder que la zona de gas y polvo rodeara a una estrella de neutrones, y que tanto aquélla como ésta emitieran rayos X.)

Como resultado de un interesante accidente astronómico fue posible discernir entre una fuente puntual y una fuente extensa de rayos X. La nebulosa del Cangrejo está situada en una posición tal que se ve cubierta («ocultada») periódicamente por la Luna. A medida que ésta pasa por delante de la nebulosa, la fuente de rayos X puede, o bien cesar de un modo instantáneo (y en ese caso se trataría de una fuente puntual), o bien dejar de emitir de una forma lenta y gradual, y entonces se trataría de una fuente extensa.

Para 1964 estaba previsto que tuviera lugar una ocultación de la nebulosa del Cangrejo por la Luna. Si los astronómos desaprovechaban esta oportunidad, no dispondrían de otra hasta después de ocho años. El grupo de Friedman lanzó un cohete a tiempo y los instrumentos a bordo funcionaron a la perfección. El resultado fue que el flujo de rayos X se desvanecía gradualmente, comprobándose asimismo que la fuente consistía en una zona de un año-luz, aproximadamente, de diámetro, localizada en el centro de la nebulosa del Cangrejo.

De momento (pero como se comprobó más tarde, sólo de momento) había que desechar la posibilidad de que existiesen estrellas de neutrones, y sobre todo después de 1966, año en que Sco XR-1 fue identificada como una estrella de magnitud 13. Al fin y al cabo no parecía probable que una estrella de neutrones pudiera ser observada desde distancias astronómicas.

No obstante, y aunque la idea de las estrellas de neutrones parecía andar de capa caída, las fuentes de rayos X seguían planteando numerosos enigmas a los astrónomos. Por ejemplo, si Sco XR-1 no era una estrella de neutrones ¿qué era entonces lo que originaba ese torrente de rayos X cuya intensidad equivalía a mil veces la de la luz visible emitida por esa misma fuente?

Por otra parte, tampoco tardó mucho en descubrirse que las fuentes de rayos X podían ser en extremo variables. Cyg XR-1, una fuente de rayos X muy intensa situada en la constelación de Cygnus, experimentaba al cabo de sólo un año una disminución notable en su emisión de rayos X. Otra de ellas, Cent XR-2 (en Centauro), que en octubre de 1965 no había dado todavía señales de vida, se inflamó repentinamente y aumentó en intensidad hasta convertirse, en abril de 1967, en la fuente de rayos X más brillante del cielo, para desvanecerse más tarde (en septiembre de 1967) hasta una décima parte de su máximo. Cabría casi considerarla como una «nova de rayos X».

Por último diremos que también se han localizado fuentes de rayos X fuera de la galaxia de la Vía Láctea. En 1968 se detectó una en la Nube Grande Magallanes que acaso sea hasta 150 veces más intensa que la de la nebulosa del Cangrejo. Dos, como mínimo, de las fuentes de rayos X resultaron estar asociadas con galaxias distintas de la nuestra: Cygnus A y M-87. Estas fueron las primeras «galaxias de rayos X», y es posible que existan hasta 10.000 galaxias de este tipo detectables en el Universo.

Antimateria

En el espacio exterior se han detectado asimismo fotones de rayos gamma (más energéticos aún que los fotones de rayos X) con ayuda de instrumentos instalados a bordo de satélites artificiales. En 1961 los instrumentos del satélite Explorer XI detectaron veintidós fotones de este tipo. La dirección de la que provenían no parecía limitarse en particular al plano de la Vía Láctea, de lo cual se dedujo que procedían de otras galaxias. En 1965 se detectó la primera fuente puntual de rayos gamma, de modo que a partir de ahora tendremos que habérnoslas también con «estrellas de rayos gamma».

Naturalmente, habrá que tratar de encontrar una posible fuente para estos rayos gamma. Pero teniendo en cuenta que se trata de sucesos más bien raros, no es preciso pensar en fuentes masivas, sino que basta con postular que aquéllos son consecuencia de fenómenos subatómicos aislados. La colisión de una partícula de rayos cósmicos altamente energética con un núcleo atómico desencadenaría una serie de consecuencias entre las cuales figuraría la producción de rayos gamma. Así pues, los rayos gamma que nosotros detectamos desde la Tierra acaso marquen la «tumba» de partículas de rayos cósmicos muertos.

Existe otra posibilidad, algo más dramática que la anterior y que requiere un breve prólogo. En 1932 se conocían tres tipos de partículas subatómicas: el protón (masivo, cargado positivamente), el neutrón (masivo, sin carga) y el electrón (ligero, cargado negativamente). A partir de estas tres partículas se componen los átomos, y a partir de los átomos se compone la materia.

Sin embargo, en 1930 el físico inglés Paul Adrien Maurice Dirac (n. 1902) había sugerido, sobre la base de consideraciones puramentemente teóricas, que para cada partícula debería existir una «antipartícula». Las antipartículas estarían caracterizadas por propiedades exactamente opuestas a las de sus correspondientes partículas.

Así, como contrapartida del electrón de carga negativa existiría un «antielectrón», análogo a aquél en todos los aspectos excepto en la carga, que sería positiva y de igual magnitud que la negativa del electrón. Del mismo modo, como contrapartida del protón de carga positiva existiría un «antiprotón» de carga negativa. En cuanto al neutrón, si bien es cierto que carece de carga, posee un campo magnético orientado en una dirección determinada, con lo cual existiría un «antineutrón», carente también de carga, pero con un campo magnético orientado en la dirección opuesta a la del neutrón.

En principio esta teoría pareció un tanto extravagante, mas en 1932 el físico americano Carl David Anderson (n. 1905) descubrió, en el curso de sus estudios acerca de los rayos cósmicos, el antielectrón. Haciendo referencia a su carga positiva, Anderson lo llamó «positrón», nombre con el cual se conoce hoy día generalmente a esta partícula, aun cuando el término «antielectrón» sería más pertinente. Más tarde, en 1956, se logró detectar también el antiprotón y el antineutrón.

Las antipartículas poseen todas las propiedades de las partículas (sólo que invertidas, como en la imagen de un espejo) y se comportan igual que ellas. Si los protones y los neutrones son capaces de combinarse para formar núcleos atómicos, no hay razón alguna para suponer que los antiprotones y antineutrones no puedan unirse para constituir «antinúcleos» atómicos. En efecto, en 1965 se logró combinar en el laboratorio de Brookhaven antiprotones y antineutrones en la relación 1 a 1. Puesto que un protón más un neutrón constituyen el núcleo del hidrógeno-2, o deuterio, la combinación protón-neutrón se denomina «deuterón». Y de ahí que la combinación de un antiprotón y un antineutrón se llame «antideuterón».

Por otra parte, igual que un núcleo atómico es capaz de rodearse de electrones para formar un átomo neutro, los antinúcleos atómicos también pueden rodearse de antielectrones (positrones) y constituir así «antiáatomos» neutros. Y así como los átomos constituyen la materia, los antiátomos constituyen la «antimateria».

La dificultad de construir la antimateria en el laboratorio estriba en la naturaleza efímera de las antipartículas. Las antipartículas, por sí solas, serían tan estables como las correspondientes partículas; pero sucede que aquéllas no están a solas. En el momento en que se forma una antipartícula, queda sumergida en un Universo de partículas ordinarias; es como si se hallara aislada en medio de un vasto océano compuesto por seres opuestos.

Una vez formado un antielectrón, no transcurrirá mucho tiempo (una millonésima de segundo o menos) antes de que tropiece y colisione con un electrón. El resultado es la «aniquilación mutua» de las dos partículas. Las cargas se cancelan y la masa total del par se convierte en energía en forma de fotones. Y lo mismo es cierto para la colisión de un protón y un antiprotón.

La aniquilación mutua de partículas y antipartículas ofrece una nueva y potentísima fuente de energía. Las reacciones nucleares ordinarias más energéticas —como aquellas en virtud de las cuales el hidrógeno se fusiona en hierro dentro del núcleo central de las estrellas— suponen la pérdida de sólo un 1% de la masa total. En la aniquilación mutua de materia y antimateria *toda* la masa se convierte en energía. Quiere esto decir que, en punto a las masas, la aniquilación mutua produce cien veces más energía que la fusión nuclear.

El proceso inverso también se da: un rayo gamma de energía suficientemente alta se puede convertir en un par electrón-antielectrón. Si el rayo gamma es aún más energético, se puede transformar en un par protón-antiprotón. (Este último proceso, que fue predicho hace mucho, se observó por fin en 1965.)

Pero surge ahora una dificultad. Observaciones minuciosas parecen indicar que existe algo así como una «ley de conservación de la carga eléctrica». Ni la carga eléctrica negativa ni la positiva pueden crearse o destruirse por sí mismas. Lo que sí puede ocurrir es que dos cantidades iguales de carga negativa y positiva experimenten una aniquilación mutua y una conversión en fotones de rayos gamma, pues en ese caso no se produciría la destrucción de una carga eléctrica *neta*. De modo análogo se pueden crear cantidades iguales de carga positiva y negativa a partir de fotones de rayos gamma, de suerte que no se produzca la creación de una carga eléctrica *neta*.

Mas si esto es así, ¿cómo es que nos hallamos rodeados por un Universo de materia, sin ningún signo apreciable de antimateria? Pues, al fin y al cabo, cualquier proceso que cree partículas debería crear también antipartículas, y además en cantidades iguales.

Ahora bien, ¿cómo sabemos que habitamos un Universo compuesto exclusivamente de materia?

En cuanto a la Tierra, podemos estar seguros de que se compone única y exclusivamente de materia, pues si contuviera cierta cantidad de antimateria, ésta interaccionaría al instante con la materia y se desvanecería en un relámpago de rayos gamma. La Luna también es materia, y de ello nos da fe el hecho de que los cohetes construidos por el hombre hayan alunizado sin que se produjera una explosión colosal.

Los meteoritos están compuestos de materia [2], y lo mismo ocurre con el Sol, como lo demuestra el que el viento solar esté constituido por partículas y no por antipartículas. En consecuencia, es lícito afirmar que el sistema solar es materia.

Por otra parte, puesto que los rayos cósmicos están compuestos casi exclusivamente de partículas y no de antipartículas, podemos decir que nuestra Galaxia (y quizá también las galaxias exteriores más próximas) son materia.

¿Cómo explicar entonces la no-existencia de antimateria?

Consideremos el modelo del estado estacionario del Universo. Si existe una creación continua de átomos de hidrógeno (protones y electrones), ¿por qué no existe una creación análoga de antiátomos de hidrógeno (antiprotones y antielectrones)? Si existe una creación continua de neutrones, que luego se desintegran en protones y electrones, ¿por qué no se produce también la creación continua de un número igual de antineutrones que se desintegran en antiprotones y antielectrones?

No conocemos razón alguna que explique esta preferencia de un tipo sobre el otro; pero todas las pruebas empíricas reunidas hasta el momento por los físicos parecen demostrar que no existe tal preferencia.

Una posibilidad es, desde luego, que tanto la materia como la antimateria se creen de una forma continua, pero que en virtud de cierto mecanismo el proceso quede equilibrado, de modo que aquéllas se formen en lugares distintos. Cuando un átomo se produce *aquí*, inmediatamente se ve compensado por la creación de un antiátomo *allá*. En ese caso, quizá existan tanto galaxias de materia como galaxias de antimateria; o expresándolo de un modo más compacto, tanto galaxias como antigalaxias.

Suponiendo que esto fuese cierto, ¿sería posible distinguir entre una galaxia y una antigalaxia?

A través de la luz que emiten, evidentemente no. El fotón es su propia antipartícula, de suerte que tanto la materia como la antimateria, al interaccionar consigo mismas (es decir, materia con materia, o antimateria con antimateria), producen fotones de idéntica naturaleza. La luz de una antigalaxia es exactamente igual a la de una galaxia.

El problema de los efectos gravitatorios es algo más oscuro. Mientras que la materia experimenta una atracción gravitatoria mutua con la materia, igual que la antimateria con la antimateria, se ha especulado acerca de si la interacción gravitatoria entre materia y antimateria no será una repulsión. Jamás se ha observado una repulsión gravitatoria, pero hay que tener en cuenta que la antimateria tampoco ha sido estudiada en cantidades suficientes para producir un campo gravitatorio perceptible. Así pues, se trata de un problema aún no resuelto.

Si la repulsión gravitatoria existe, ha de darse necesariamente entre galaxias y antigalaxias. El hecho de que hasta el momento no se haya observado ninguna interacción de este tipo acaso indique que no existen antigalaxias en el Universo. Otra posible interpretación es que los efectos que se producirían a distancias intergalácticas (observados además a distancias también intergalácticas) son demasiado pequeños, y que a pesar de que tales efectos existen, no han podido ser observados o interpretados adecuadamente...

Los neutrinos ofrecen una perspectiva mucho más halagüeña. Las galaxias liberan torrentes de neutrinos y las antigalaxias torrentes de antineutrinos. Si fuese posible localizar en el cielo una fuente rica de antineutrinos, no habría duda de que se había detectado una antigalaxia. Sin embargo, los neutrinos son partículas sobremanera difíciles de detectar; y la ciencia de las astronomía no se encuentra aún en un estadio que permita llevar a cabo observaciones de ese tipo.

Por otra parte, las antigalaxias deberían producir antipartículas de rayos cósmicos. Muy pocas de ellas lograrían llegar hasta nuestros dominios, pero estas pocas serían de gran utilidad. Antipartículas de mil millones de BeV o más (la energía necesaria para que los rayos cósmicos logren deshacerse de sus galaxias y precipitarse hacia nosotros a través del espacio intergaláctico) no se verían apenas afectadas por los campos magnéticos galácticos. De este modo, la dirección de su trayectoria serviría para localizar la antigalaxia.

Ahora bien, es importante recordar que las galaxias no se hallan aisladas, sino que existe un sinfín de ellas y que algunas pueden interaccionar a pesar de la expansión general del Universo. Puede darse el caso, por ejemplo, de que una galaxia y una antigalaxia perteneciesen al mismo cúmulo y que se aproximaran una a otra. Si llegaran a acercarse hasta una distancia suficientemente corta para que el gas y el polvo comenzaran a mezclarse en los bordes, al instante se empezarían a emitir cantidades ingentes de energía. Y de hecho se han observado casos de tremendas emisiones de energía en las profundidades del espacio galáctico, emisiones que posiblemente indiquen la presencia de una aniquilación mutua de materia y antimateria. Sobre este punto volveremos más adelante en este libro.

Cabe también que las galaxias y antigalaxias se hallen protegidas contra una aniquilación mutua gracias a tales reacciones periféricas. En este aspecto puede establecerse una analogía con una gota de agua que cayese sobre una plancha caliente. El agua no se evapora inmediatamente con una pequeña explosión, sino que salta y resbala sobre la superficie al rojo durante un tiempo sorprendentemente largo. La explicación de este fenómeno es la siguiente: la porción de la gota que primero establece contacto con la superficie caliente se evapora, formándose una nube de vapor que empuja a la gota hacia arriba y la aísla hasta cierto punto del calor.

De modo análogo, cuando una galaxia y una antigalaxia se aproximan una a otra, el primer contacto en los bordes quizá produzca un torrente de energía que tiende a mantenerlas separadas y, por así decirlo, a aislarlas una de otra.

En ese caso, la interacción aislante constituiría una fuente muy rica de fotones de rayos gamma, que se dispersarían por todo el Universo. Los rayos gamma detectados por el Explorer XI posiblemente procedieran de tales fuentes, proporcionándonos un indicio de que e.

Universo puede contener tantas galaxias como antigalaxias.

¿Cómo encajaría esto en la teoría del Big Bang? Un Universo en contracción que contuviera tantas galaxias como antigalaxias debería experimentar una aniquilación mutua cada vez mayor a medida que convergieran las galaxias, de suerte que el huevo cósmico estaría compuesto únicamente de rayos gamma. Quizá fuese la presión de la radiación de estos fotones lo que en último término provocase el propio Big Bang; en los primeros momentos caóticos de la expansión, los rayos gamma quizá dieran lugar a una cantidad igual de partículas y antipartículas.

Ahora bien, es preciso suponer que estas partículas y antipartículas estaban separadas, pues de otro modo se aniquilarían mutuamente y volverían a convertirse en rayos gamma. Podemos postular que por cada partícula que se formara en un extremo del huevo cósmico en explosión, nacía una antipartícula en el extremo opuesto, estableciendo así el equilibrio. El físico austriaco-americano Maurice Goldhaber (n. 1911) ha sugerido, efectivamente, una idea de este tipo, concibiendo la formación de un Universo de materia y un Antiuniverso de antimateria (que él llama «cosmon» y «anticosmon», respectivamente).

Nos preguntamos ahora: estos dos universos ¿se entremezclan, en el curso de la expansión, para formar un Universo conjunto de galaxias y antigalaxias en números iguales? Si es así, cabe imaginar un Universo pulsante en el cual tenga lugar una fusión de materia y antimateria en el curso de cada fase de contracción, y una separación de las mismas a lo largo de cada fase de expansión.

O quizá sea que el Universo y el Antiuniverso experimentan una repulsión gravitatoria mutua, separándose por completo, de suerte que nuestro Universo esté constituido sólo por materia. En el modelo pulsante del Universo, el Universo y el Antiuniverso acaso se fundan uno con otro durante el proceso de contracción para formar un único huevo cósmico, para luego volverse a separar durante el proceso de expansión.

Cabe también (y esta es mi contribución personal a las especulaciones en torno al problema, contribución que, según mis conocimientos, no ha sido sugerida con anterioridad) que el Universo y el Antiuniverso se hallen permanentemente separados, pulsando de un modo acorde: mientras uno se contrae, el otro se expande, y viceversa.

Este «modelo del Universo doble» elimina dos asimetrías evidentes de nuestro propio Universo. El Universo doble se hallaría, *en conjunto,* perfectamente equilibrado en cuanto a materia y antimateria, a pesar de que nuestro propio Universo sería prácticamente pura materia. Por otra parte, el Universo doble estaría perfectamente equilibrado en cuanto a movimiento radial se refiere. El Universo y el Antiuniverso formarían un conjunto esencialmente estático, y la circunstancia de que nuestro Universo se halle actualmente en expansión se debería sencillamente a que esa es la fase del ciclo que nos ha tocado presenciar.

18. Radioastronomía

El Sol

Aunque los rayos cósmicos, rayos X y rayos gamma que llegan a la Tierra desde el espacio sideral encierran un interés enorme para el astrónomo, la máxima aportación de mediados del siglo XX se produjo en el extremo opuesto del espectro: en la región de las radioondas, poco energéticas y de gran longitud de onda.

Dos son las razones principales que explican este hecho. En primer lugar, sucede que la atmósfera, que es transparente para la luz visible pero opaca para la mayor parte de las demás regiones del espectro electromagnético, también es transparente para una ancha banda de la zona de radioondas de longitud de onda muy corta, o microondas. Así pues, los astrónomos disponían de una segunda «ventana» para observar los cielos. Cualquier radiación de microondas procedente del espacio podía ser estudiada a placer desde la superficie terrestre, sin necesidad alguna de lanzar instrumentos a bordo de globos o cohetes.

En segundo lugar, el empleo de radioondas en la comunicación sin hilos condujo en último término al desarrollo de técnicas muy perfeccionadas para recibir y ampliar radiaciones débiles de aquel tipo.

La posibilidad de que sobre la Tierra incidieran radioondas provenientes de los cielos fue una idea que los científicos concibieron bien pronto en esta etapa de la astronomía. Efectivamente, pocos años después del descubrimiento de la región de radioondas del espectro ya se especulaba en torno a la posibilidad de detectar radioemisiones del Sol. Aparte de otros científicos, el físico inglés Oliver Joseph Lodge (1851-1940), uno de los hombres de vanguardia en el terreno de las radiocomunicaciones, trató de detectar, hacia 1890, ondas de radio solares, aunque sin éxito. Los esfuerzos en esta dirección languidecieron luego durante una generación entera; y cuando por fin se pudo cantar victoria, ello fue debido a un simple accidente.

El descubrimiento fue registrado por el técnico de radio americano Karl Jansky (1905-1950), quien en 1931 andaba tras el problema (completamente ajeno a la astronomía) de eliminar los efectos perturbadores de la electricidad estática en las comunicaciones por radio. Entre las fuentes de estático había una que Jansky no consiguió localizar al principio, llegando más tarde a la conclusión de que era debida a la interferencia de un influjo de radioondas muy cortas procedentes del espacio exterior. Publicó sus hallazgos en 1932 y 1933, pero estos trabajos suscitaron escaso interés entre los astrónomos.

En efecto, la única persona en la que prendió la llama de estos descubrimientos fue otro técnico de radio americano, Grote Reber (n. 1911), que en 1937 montó un «radiotelescopio» en el patio trasero de su casa; se trataba de un dispositivo parabólico de treinta y un pies de diámetro, diseñado de modo que captaba, sobre un área bastante extensa, la radiación de microondas del espacio y la concentraba en otro dispositivo (receptor) situado en el foco de la parábola. Durante varios años Reber fue localizando, en un trabajo arduo y fatigoso, las radiofuentes del cielo. El fue el primer —y durante bastante tiempo, el único— «radioastrónomo». El primer trabajo sobre este tema lo publicó en 1940.

Fue entonces cuando los astrónomos comenzaron a interesarse en este campo, aunque también es cierto que de un modo muy paulatino. Una de las dificultades estribaba en que las microondas procedentes del cielo eran mucho más cortas que las que se utilizaban por lo común en las radiocomunicaciones, de suerte que la radiación del espacio no interfería por lo general con la radiorecepción; por tanto, el hombre no se percataba de su presencia. Por otra parte, la tecnología no había proporcionado aún métodos eficientes para trabajar con tales microondas.

Sin embargo, a finales de la década de 1930-39 se dieron algunos pasos clave, que en último término acabaron por romper el hielo. Gran Bretaña y Estados Unidos desarrollaron el «radar», dispositivo que emitía un rayo de microondas que al chocar con un obstáculo se reflejaba hacia atrás, produciendo un eco detectable de microondas. A partir del ángulo con que se recibe el eco es posible determinar la dirección del obstáculo. Por otra parte, basándose en el lapso de tiempo transcurrido entre la emisión del rayo original y la recepción del eco, puede calcularse la distancia del obstáculo (puesto que las microondas se desplazan a la velocidad de la luz). El radar era un instrumento ideal para detectar de un modo rápido y preciso objetos distantes, sobre todo en condiciones en las que los métodos ópticos ordinarios resultaban inadecuados. Funcionaba tanto de noche como de día; y mientras las nubes y la niebla eran opacas a la luz, resultaban prácticamente transparentes para las microondas.

El radar, utilizado por los ingleses para detectar de antemano la llegada de la aviación alemana, fue un factor crucial en la victoria de la Batalla de Inglaterra. Cualquier interferencia con el buen funcionamiento del radar tenía que ser, por tanto, del máximo interés para Gran Bretaña y sus aliados. En 1942 se produjo una interferencia de este tipo. El sistema de radar completo se vio seriamente perturbado por una inundación de microondas extrañas, con lo cual el sistema de alarma de Inglaterra quedó inutilizado durante algún tiempo. Si se trataba de una perturbación provocada intencionadamente por los alemanes, las consecuencias podían ser fatales. Investigaciones ulteriores revelaron, sin embargo, que la causa residía en esa gigantesca erupción solar que proporcionó los primeros indicios de la existencia de los rayos cósmicos del Sol (véase pág. 331). Al parecer, la erupción había vertido sobre la Tierra un torrente de microondas que consiguieron ahogar la radiación artificial que alimentaba al sistema radárico. Fue así como se descubrió que el Sol radiaba en la región de radioondas del espectro. Una vez finalizada la Segunda Guerra Mundial, los astrónomos comenzaron a dedicar a la «radioastronomía» toda la atención que merecía.

Tras estudiar el espectro de radioondas del Sol con ayuda de técnicas que habían alcanzado un alto nivel de perfeccionamiento en conexión con la tecnología del radar, no tardó en comprobarse que este astro emitía una cantidad de radiación de microondas muy superior a la que podía proporcionar su temperatura superficial. En el caso de algunas longitudes de onda, las intensidades con que eran emitidas sólo podían derivarse de temperaturas de 1.000.000°C más o menos. Tales longitudes de onda provenían, naturalmente, de la corona, cuya temperatura era suficiente para radiar también rayos X (véase página 336).

El Sol emitía asimismo bocanadas de radiación de microondas de alta intensidad en conexión con las manchas solares, erupciones y otras perturbaciones.

Los planetas

Mas el Sol (y esto es un hecho sorprendente) no es la única fuente de microondas del sistema solar. Aunque los planetas sólo brillan por luz reflejada, algunos de ellos emiten microondas propias con una intensidad suficiente para ser detectadas desde la Tierra.

En 1955, por ejemplo, se identificó a Júpiter como la fuente de ciertas oleadas de microondas que habían desconcertado a los observadores a lo largo de cinco años. Parte de la emisión general de microondas de Júpiter era de origen térmico; es decir, aquéllas se generaban debido simplemente a que la superficie de Júpiter se hallaba a una determinada temperatura y, por consiguiente, radiaba energía a lo largo de una ancha banda del espectro electromagnético; y esta banda comprendía la región de microondas. Pero en el caso de ciertas longitudes de onda la radioemisión era demasiado intensa para poder atribuirla simplemente a una fuente térmica. (Al fin y al cabo, nadie esperaba que Júpiter poseyera una corona de alta temperatura como la del Sol.) La radiación de origen no-término quedó explicada finalmente postulando la existencia de un campo magnético mucho más fuerte e intenso que el de la Tierra, como expondremos en la sección siguiente (véase pág. 365).

No menos interés encerraban las microondas recibidas desde Venus. Fueron detectadas por primera vez en 1956, planteando a los astrónomos una discrepancia muy curiosa. Las medidas de la radiación infrarroja ordinaria de Venus habían indicado «temperaturas superficiales» de unos —43° C. Sin embargo, la radiación de microondas implicaba temperaturas superiores a aquélla en cientos de grados y bastante por encima del punto de ebullición del agua.

Ahora bien ¿se trataba realmente de una discrepancia? La radiación infrarroja procedente de Venus tenía que originarse en la alta atmósfera del planeta, pues si naciera en la superficie sólida de Venus, o cerca de la misma, dicha radiación sería absorbida por la atmósfera. Por otra parte, tanto la atmósfera de Venus como la de la Tierra son transparentes para las microondas. Incluso esa cubierta opaca y permanente de nubes que se extiende por encima de Venus y que hasta ahora ha impedido al hombre ver la superficie sólida de este planeta, es transparente para dicha clase de ondas. Así pues, es muy probable que la temperatura indicada por la radiación infrarroja corresponda al bajo nivel térmico que cabe esperar de las capas altas de la atmósfera, mientras que la temperatura delatada por la radiación de microondas seguramente es la de la superficie sólida del planeta.

El hecho de que Venus posea una temperatura superficial muy superior al punto de ebullición del agua resulta bastante sorprendente. ¿No será que la radiación de microondas no es de origen térmico, sino que viene producida (al menos en parte) por un campo magnético como en el caso de Júpiter? La probabilidad de que esta hipótesis sea cierta es pequeña. Entre los astrónomos prevalecía en general la opinión de que Venus rotaba muy despacio en torno a su eje. Y dado que también había razones para sospechar que alrededor de un planeta sólo se produce un campo magnético cuando la rotación es suficientemente rápida para crear torbellinos dentro del núcleo fundido, no parecía probable que Venus, con su lenta velocidad de giro, pudiera tener un campo magnético importante.

La cuestión quedó sentada con el lanzamiento del Mariner II, cohete muy bien equipado de instrumentos científicos y que en diciembre de 1962 pasó a 34.700 km., de Venus. No se detectó ningún campo magnético apreciable. Si Venus poseía un campo magnético, su intensidad no podía ser superior a una centésima de la del campo terrestre. Los datos del Mariner II vinieron a demostrar también que la radiación no provenía de la ionosfera de Venus, sino de su superficie. Así pues, la emisión de microondas tiene que ser de origen térmico, y la superficie del planeta debe ser caliente. Su intensidad, según las mediciones del Mariner II, indica una temperatura superficial de unos 400ºC.

El sistema solar también puede proporcionar información a través de radiación de microondas *reflejada.* La primera experiencia de esta clase se obtuvo en 1945, al captar microondas reflejadas por una lluvia de meteoritos. Gracias a esta técnica, tales fenómenos podían ser detectados y estudiados incluso en pleno día, cuando de otro modo habrían resultado completamente invisibles. Utilizar obstáculos aún más lejanos como reflectores de microondas era ya sólo cuestión de perfeccionar la técnica, es decir, de poder enviar impulsos muy intensos y detectar y ampliar ecos muy débiles de entre todo un conjunto de radiaciones de la misma naturaleza («parásito»).

La Luna, por ejemplo, servía como obstáculo para reflejar un rayo de microondas, experiencia que se logró por primera vez en 1946. En 1958 se recibieron ecos de Venus, en 1959 del Sol, y desde entonces también de otros miembros del sistema solar tales como Mercurio, Marte y posiblemente Júpiter.

El lapso transcurrido entre la emisión y la recepción del eco puede utilizarse para calcular las distancias planetarias; efectivamente, la radiación reflejada por Venus proporcionó un nuevo método sumamente preciso para determinar la escala del sistema solar. Esta técnica supuso un avance apreciable sobre las determinaciones paralácticas del asteroide Eros efectuadas una generación antes (véase pág. 33).

Por otra parte, las reflexiones de microondas son susceptibles de proporcionar información acerca de la naturaleza de la superficie reflectante. Si el cuerpo reflectante fuese una esfera lisa y perfecta, sólo la porción encarada directamente con la Tierra devolvería un eco. Pero si la superficie es rugosa y desigual, entonces se recibirían ecos procedentes de zonas que en otras condiciones (es decir, si la superficie fuese lisa) no devolverían eco alguno. Ahora bien, como consecuencia de la curvatura de la Luna (o de cualquier planeta), la distancia entre dichas zonas y la Tierra oscilaría entre ciertos límites, con lo cual el eco se dispersaría en cierta medida y su duración sería mayor que la del impulso original emitido. Los ecos de microondas se verían también distorsionados por el efecto Doppler en aquellos casos en que el objeto reflectante se hallara en rotación.

Es cierto que muchos de los datos que el radar nos puede proporcionar acerca de la superficie de la Luna se pueden obtener también a través de la luz solar reflejada por aquélla. Pero no así en el caso de Venus, pues si bien la superficie sólida de este planeta resulta accesible a esas microondas capaces de horadar las nubes, permanece en cambio oculta para el ojo humano. Así, el método de reflexión de microondas reveló, al parecer, en 1965 la presencia de dos gigantescas cordilleras en la superficie de Venus: una que corre de norte a sur y la otra de este a oeste.

Más interesante aún fue el problema de la rotación de Venus. Todo cuanto se vislumbraba en el globo de este planeta era una capa uniforme de nubes, de modo que no había forma de determinar con exactitud el período de rotación. Hasta 1962 se supo mucho más acerca de la rotación del lejano Plutón que sobre la rotación de nuestro planeta más próximo. Muchas eran las conjeturas (o estimaciones basadas en datos inadecuados) que se habían hecho, pero la más difundida de todas venía a afirmar que el período de rotación era igual al período de revolución alrededor del Sol, a saber, de 225 días.

Ahora bien, si esta conjetura fuese cierta, una de las caras del planeta miraría constantemente hacia el Sol, mientras que la otra se hallaría siempre apartada de él (igual ocurre con las dos caras de la Luna). Y en ese caso, el «lado soleado» de Venus sería extremadamente caliente y el «lado de sombra» extremadamente frío.

Mas para sorpresa de los astrónomos, las emisiones de microondas parecían indicar que la temperatura de la superficie de Venus no variaba tanto como cabría esperar de existir realmente un lado de sol y otro de sombra. De ahí que hubiese que postular la existencia de fuertes vientos que transportasen el calor del primero al segundo. O bien que el período de rotación de Venus no equivaliera quizá exactamente a su período de revolución, con lo cual no habría una parte de sol y otra de sombra, sino que —como ocurre en la Tierra— cualquier punto de la superficie planetaria se vería expuesto, periódica y alternativamente, a la presencia y ausencia del Sol.

Esta última posibilidad viene apoyada por los experimentos de reflexión con microondas. Nueva sorpresa para los astrónomos: en 1962 se descubrió que Venus tenía un

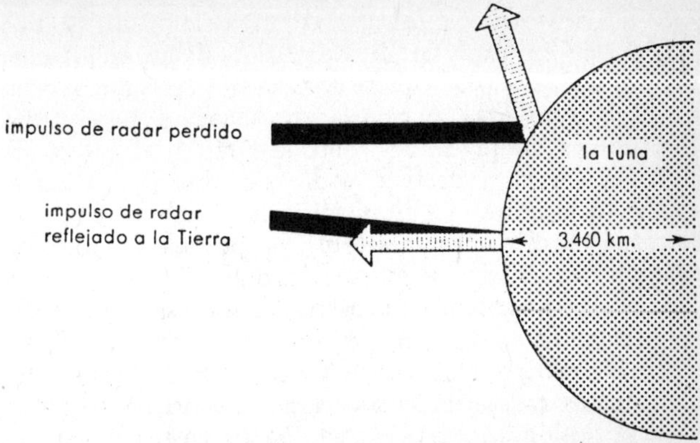

Fig. 37.—*Reflexión de microondas.*

período de revolución de 247 días, pero en sentido *retrógrado;* es decir, mirando desde arriba hacia su polo norte, la superficie venusiana giraba en el sentido de las manillas del reloj, y no —como en el caso de la Tierra y casi todos los demás planetas— en la dirección contraria a la del reloj. Expresándolo de otro modo: la superficie de Venus rotaba de este a oeste, y no de oeste a este, como sucede en nuestro caso. El efecto conjunto del período de revolución y del movimiento del planeta alrededor del Sol determinaría el que un observador —cualquiera que fuese su situación sobre Venus y suponiendo que no existiesen nubes— vería al Sol levantarse en Poniente y ponerse en Levante dos veces aproximadamnte a lo largo de cada año planetario.

La razón de que Venus gire en sentido retrógrado y de que su temperatura sea tan alta sigue constituyendo un dilema para los astrónomos. Pero, por otra parte, más vale tener planteados problemas sin solucionar que no plantearse problemas.

Venus no constituye el único caso de un planeta en relación con el cual las nuevas técnicas de microondas trajeron consigo una revisión radical de las nociones relativas a su rotación. En 1965, y haciendo uso del método de reflexión de microondas, se demostró que el período de rotación de Mercurio no era igual a su período de revolución alrededor del Sol (ochenta y ocho días). Y esto era tanto más sorprendente por cuanto Mercurio, a diferencia de Venus, carecía de una cubierta de nubes, y su superficie podía ser observada directamente (aunque no sin cierta dificultad, debido a la proximidad de este planeta al Sol); su período de rotación se puede medir de un modo inmediato sin más que seguir el desplazamiento de los rasgos sobresalientes de la superficie. Ya en los años 1880-89, el astrónomo italiano Giovanni Virginio Schiaparelli (1835-1910) había estudiado estos rasgos de la superficie mercuriana, llegando a la conclusión de que el planeta giraba en torno a su eje una vez por cada revolución alrededor del Sol. Y esta conclusión permaneció indiscutida durante ochenta años.

Cuando las microondas hicieron su aparición en el escenario científico, se procedió a observar de nuevo la superficie de Mercurio —esta vez con una minuciosidad impecable—, comprobando que Schiaparelli se había equivocado. La equivocación era, no obstante, comprensible. Mercurio describe una rotación completa alrededor de su eje en 58½ días, o aproximadamente dos tercios de su año. Esto quiere decir que la cara del planeta que mira hacia el Sol en uno de los perihelios es la misma que muestra aquél en su segundo retorno al perihelio, en su cuarto, en su sexto, etc. Así pues, quienquiera que hiciese una serie de observaciones separadas entre sí (en el tiempo) por un múltiplo arbitrario de dos revoluciones, vería los mismos rasgos de la superficie situados en el mismo lugar, y tendría derecho a ser perdonado por haber supuesto que el planeta rotaba una vez por cada período de revolución, pues esto sería ni más ni menos lo que se observaría en ese caso.

Las estrellas

La radioastronomía no se agota, claro está, en las emisiones de microondas de los cuerpos del sistema solar, por muy interesantes que sean estos fenómenos. Y en efecto, las primeras observaciones efectuadas en el campo de la radioastronomía afectaban a fuentes de microondas localizadas mucho más allá de las fronteras del sistema solar.

Jansky hizo sus primeras observaciones en un período en que el Sol se hallaba en una fase relativamente serena y emitía microondas en cantidades bastante pequeñas. Por consiguiente, la fuente que él detectó no podía ser el Sol. Pero Jansky pensó al principio que sí lo era, pues la fuente viajaba a través del cielo emparejada con el astro rey. No obstante, conforme fueron transcurriendo los días Jansky se percató de que la fuente sacaba al Sol una ventaja de cuatro minutos al día, lo cual significaba que aquélla se mantenía en una posición fija respecto a las estrellas. Más tarde se comprobó que la fuente se hallaba situada en la dirección de la constelación de Sagitario, y por ello se le ha dado el nombre de «Sagitario A». No cabía duda de que la fuente no era otra cosa que el núcleo mismo de la Galaxia, núcleo que, según los datos proporcionados por los métodos de microondas, tiene 10 parsecs de diámetro y comprende unos 100 millones de estrellas.

Fue éste un descubrimiento de primera categoría. Las nubes de polvo, que de otro modo habrían impedido irremisiblemente cualquier estudio óptico directo del centro de la Galaxia, eran bastante transparentes a las microondas. Aun cuando jamás llegaríamos a ver el núcleo galáctico del modo ordinario, sí lo podíamos «ver» por medio de microondas.

En el curso de ciertas investigaciones en solitario acerca de las emisiones de microondas procedentes del espacio, Reber trazó lo que cabría llamar el «radiocielo»: las intensidades de fondo de la emisión de microondas en cada punto. El rasgo más sobresaliente de este radiomapa del cielo era la banda de alta emisión que se extendía a lo largo de la Vía Láctea; la intensidad era máxima en la dirección del núcleo galáctico, disminuyendo hacia ambos lados hasta alcanzar un mínimo en la dirección opuesta a la de dicho núcleo.

Sin embargo, el plano de la Vía Láctea no monopolizaba todas las fuentes de microondas del «radiocielo». Aquí y allá existían nudos de gran intensidad, incluso en lugares muy alejados de la Vía Láctea. En un principio fue imposible relacionar estas radiofuentes con ningún cuerpo visible, pero estaba claro que no podía tratarse de estrellas ordinarias como nuestro Sol. La razón era evidente: si las estrellas en general emitiesen microondas con la misma intensidad que el Sol, el centro galáctico no podría radiar una cantidad suficiente de microondas para que éstas llegaran hasta nosotros con la intensidad con que lo hacen.

La extraña naturaleza de las radiofuentes se puso claramente de manifiesto cuando, sin tardar mucho tiempo, se identificó una de ellas («Taurus A») en la nebulosa del Cangrejo. En ocasiones anteriores ya estudiamos este objeto como fuente de rayos X y de rayos cósmicos (véase pág. 342). Y ahora se descubría que también era una fuente de microondas: la tercera en intensidad fuera del sistema solar.

De entrada resulta tentador suponer que la emisión de microondas de la nebulosa del Cangrejo, cuya intensidad es muy superior a la de la emisión de microondas del Sol, es simplemente el resultado de esas mismas temperaturas tan altas que producen los rayos X, y los rayos cósmicos. Al parecer, esto no es cierto. Pues si la temperatura fuese suficientemente elevada para producir microondas con la intensidad que de hecho se observa, la nebulosa del Cangrejo tendría que ser ópticamente mucho más brillante. Por otro lado, la intensidad de las microondas originadas por altas temperaturas debe decrecer a medida que aumenta la longitud de onda, cosa que no ocurre en el caso de dicha nebulosa.

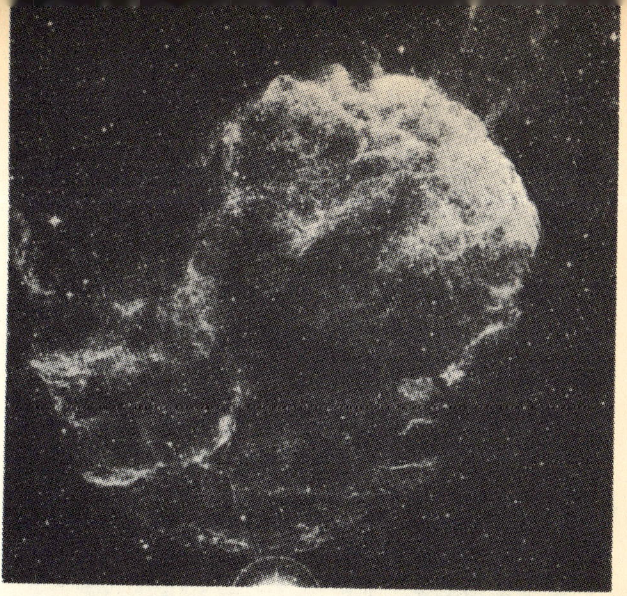

Nebulosa gaseosa IC 443. (Fot. observatorios Mount Wilson y Palomar.)

NGC 5128. (Fot. observatorios Mount Wilson y Palomar.)

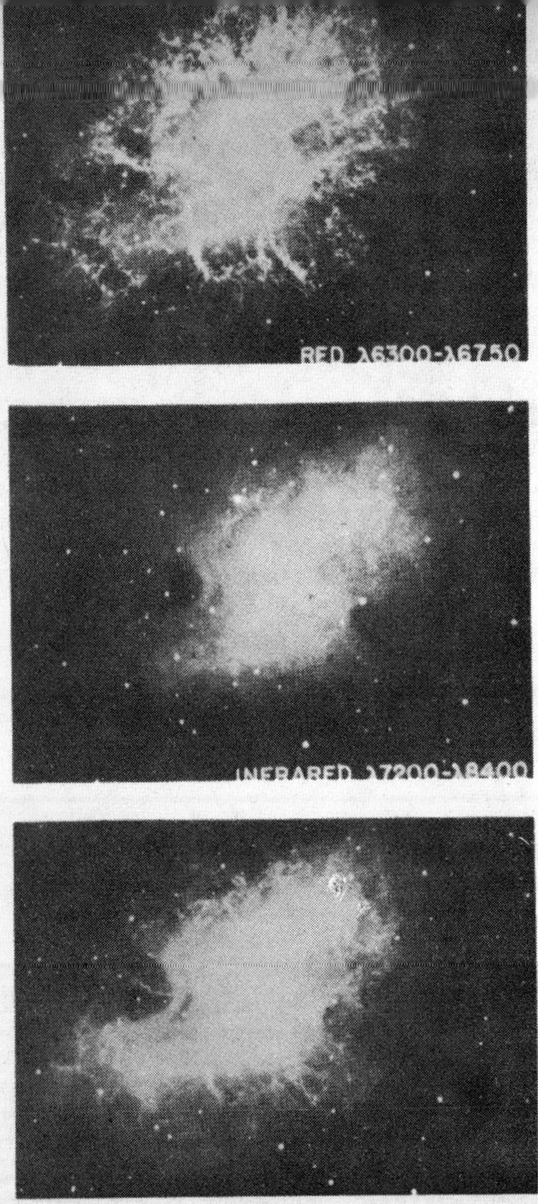

Nebulosa del Cangrejo, fotografiada con diversas longitudes de onda.
(Fotografía de los observatorios Mount Wilson y Palomar.)

Una posible solución a este dilema surgió de ciertos hallazgos realizados en el campo de la física nuclear. Para que un cuerpo en movimiento cambie de velocidad o de dirección de marcha es preciso comunicarle energía, y en respuesta a ello el cuerpo puede radiar hacia el exterior cierta cantidad de ella. Se trata de un efecto que se observó especialmente en los «sincrotrones», instrumentos que, haciendo uso de campos magnéticos intensos, obligan a los electrones a girar en círculos mediante una transferencia continua de energía a las partículas. Los electrones, por su parte, emiten «radiación sincrotrón», cuyas longitud de onda e intensidad dependen de su contenido energético.

En 1953 el astrónomo soviético Iosif Samuilovich Shklovsky (n. 1916) propuso la idea de que la nebulosa del Cangrejo podía tener un campo magnético intenso cuyas líneas de fuerza obligaban a los electrones a girar en espiral; durante este proceso, los electrones emitirían radiación sincrotrón, la cual incluiría tanto luz visible como microondas.

Suponiendo que esta hipótesis fuese cierta, las formas ondulatorias emitidas se verían canalizadas o guiadas por las líneas de fuerza del campo magnético, líneas que se hallan orientadas según una posición fija en el espacio. Como consecuencia de ello, las formas ondulatorias se moverían a su vez según un plano fijo, de suerte que la luz de la nebulosa del Cangrejo tendría la propiedad de estar «polarizada». Nada más fácil para los astrónomos que comprobar si la luz está polarizada o no; fue el astrónomo soviético V. A. Dombrovsky quien primero demostró que la luz de dicha nebulosa gozaba, efectivamente, de esta propiedad, extremo que no tardaron en confirmar otros astrónomos. En perfecta concordancia con lo que cabe esperar de la luz polarizada, las fotografías de la nebulosa del Cangrejo tomadas a través de filtros Polaroid orientados en direcciones determinadas revelan un conjunto de líneas rectas que son siempre perpendiculares a dicha orientación.

El éxito obtenido por esta hipótesis —formulada en

relación con la nebulosa del Cangrejo— fue precisamente lo que condujo a la idea de que algunas de las emisiones-no-térmicas de Júpiter acaso fuesen radiación sincrotrón (véase pág. 367). Júpiter debería tener entonces un campo magnético diez veces más intenso que el de la Tierra; y teniendo en cuenta la gran velocidad de rotación de dicho planeta (Júpiter tarda sólo diez horas en describir un giro completo en torno a su eje, frente a las veinticuatro horas que tarda la Tierra, y ello a pesar de que el diámetro de aquél es once veces superior al de ésta), tal hipótesis parece altamente probable. En 1960 se comprobó que las emisiones de microondas de Júpiter están polarizadas, y precisamente en la dirección que era de esperar si los polos magnéticos se hallasen próximos a los geográficos, como sucede también en la Tierra.

Por aquel entonces se había logrado ya entender de qué modo y con qué eficacia las líneas de fuerza magnéticas son capaces de atrapar a las partículas, como también se había descubierto ya la magnetosfera que envuelve a la Tierra (véase pág. 330). En cuanto a Júpiter, era preciso concluir que se hallaba rodeado de una magnetosfera mucho más intensa. Además, a raíz de un experimento nuclear efectuado en 1962 muy por encima de la atmósfera, las líneas magnéticas terrestres se vieron inundadas de partículas cargadas que, atrapadas en aquéllas y moviéndose de acá para allá en espiral alrededor de dichas líneas, emitían efectivamente una radiación sincrotrón detectable. Esto venía a ser como el toque final del cuadro: la teoría de la radiación sincrotrón de la nebulosa del Cangrejo (y de otras muchas radiofuentes) fue aceptada desde entonces con carácter general.

La nebulosa del Cangrejo es —casi sin lugar a dudas— los restos de una supernova; además de aquella nebulosa, existen otras radiofuentes que también se pueden identificar con supernovas de las cuales se sabe positivamente han explotado en nuestra Galaxia. Ejemplos de ellas son las de Tycho y Kepler. Sin embargo, la radiofuente más potente no está relacionada con ninguna supernova *conocida.* Nos referimos a «Cassiopeia A», cuyo nombre se debe a que está localizada en dicha constelación. Ópticamente, Cassiopeia A no exhibe ningún rasgo sorprendente; todo cuanto se observa son nubes y briznas de gas a unos 10.000 años-luz de nosotros. En un estudio más detenido se comprobó que este gas se encontraba a una temperatura feroz y estaba sometido a un violento movimiento. Muy bien pudiera ser que se tratase de los restos de una supernova que explotó hacia 1700, pero que —en una época en que el interés por las «estrellas nuevas» eran tan escaso que sólo aquellas de brillo muy notable atraían la atención de los observadores— pasó inadvertida debido precisamente a que su enorme distancia le impedía exhibir un brillo especial. Otra radiofuente interesante es IC443, nebulosa que acaso sea también los restos de una supernova que explotó hace 50.000 años. Por culpa una vez más de la distancia, las enanas blancas asociadas con tales nebulosas resultan invisibles desde la Tierra.

No sería ni mucho menos descabellado suponer que la emisión de microondas de la Vía Láctea, en general, proviene de las supernovas que aparecen dentro de aquélla; no obstante, tampoco es lícito afirmar que éstas, las supernovas, constituyen necesariamente la única fuente. Existe cierto tipo de estrellas enanas que se encienden de vez en cuando de un modo irregular. Se presume que tales abrillantamientos se deben a erupciones como las del Sol, aunque más intensas, y que estas erupciones liberan microondas, exactamente igual que ocurre en el astro rey. Los trabajos conjuntos del astrónomo inglés Alfred Charles Bernard Lovell (n. 1913) y el astrónomo americano Fred Lawrence Whipple (n. 1906) demostraron que la intensidad de la emisión de microondas corría, en efecto, parejo con el abrillantamiento. Estas «estrellas eruptivas» fueron las primeras estrellas individuales más o menos ordinarias que se identificaron como radiofuentes.

La Galaxia

De lo antedicho no debemos deducir que la totalidad de la emisión de microondas de la Galaxia se origina en las estrellas o en los restos de supernovas. También existe la materia interestelar, ese gas extremadamente rarificado que se compone en su mayor parte de hidrógeno. Puede ocurrir que este hidrógeno se caliente debido a la proximidad de alguna estrella. En ese caso, los átomos se hinchan, como si dijéramos, de energía y se ionizan. Esta energía puede a su vez ser radiada, con lo cual el astrónomo observará una nube luminosa y podrá detectar las líneas espectrales asociadas con el hidrógeno.

Lo cual siempre es mejor que nada, pero tampoco mucho mejor, pues sucede que sólo una pequeña proporción del hidrógeno interestelar de la Galaxia se caliente lo suficiente como para producir tales líneas. Un 95% como mínimo, del hidrógeno, del espacio interestelar es relativamente frío y, desde el punto de vista de la radiación, inactivo. (Estas últimas regiones son llamadas «regiones H-I», en contraposición a las «H-II», calientes e ionizadas). Por otra parte, las líneas emitidas por el hidrógeno caliente sólo pueden ser observadas en aquellos casos en que no se interpone ninguna nebulosa oscura, y esto reduce el campo de estudio de los astrónomos terrestres a la parte de la Galaxia más próxima a nosotros.

En 1944, sin embargo, el astrónomo holandés Hendrik Christoffel van de Hulst (n. 1918), obligado a ello por la circunstancia de que la ocupación de Holanda por los alemanes durante la Segunda Guerra Mundial excluía toda posibilidad de efectuar un trabajo astronómico normal, tomó lápiz y papel y se entretuvo en hacer cálculos en torno al comportamiento del hidrógeno frío. Entre otras cosas averiguó la forma en que los campos magnéticos asociados con el protón y el electrón dentro del átomo de hidrógeno se hallan orientados uno respecto al otro. Los dos campos magnéticos podían estar alineados o en una misma dirección, o en direcciones opuestas. Comoquiera que entre ambas formas existe una ligera diferencia de energía, puede suceder que de vez en cuando un átomo de hidrógeno que se halle en la modalidad menos energética absorba un fotón de energía adecuada que acierte a pasar por allí, con lo cual el átomo saltará a la forma más energética. De igual modo, puede ocurrir que un átomo de hidrógeno que se encuentre en la forma más energética emita un fotón, cayendo al nivel de menor energía. La diferencia entre los dos niveles es tan pequeña que los fotones absorbidos o emitidos son fotones muy poco energéticos, con longitudes de onda de unos 21 centímetros, es decir pertenecientes a la región de las microondas.

La emisión o absorción de un fotón de microondas de 21 centímetros por parte de un átomo de hidrógeno concreto es un suceso que no tiene lugar sino muy raramente —una vez cada 11 millones de años, por término medio—; pero el número de átomos de hidrógeno en el espacio es tan ingente que por fuerza se tiene que producir una llovizna continua y detectable de tales fotones.

Una vez finalizada la guerra, los astrónomos se lanzaron en busca de pruebas empíricas que confirmaran esta teoría. Y el éxito llegó: en 1951, el físico suizo-americano Felix Bloch (n. 1915) y el físico americano Edward Mills Purcell (n. 1912), trabajando por separado, detectaron la radiación de 21 centímetros. Más tarde también se logró detectar la absorción de fotones de 21 centímetros por parte del hidrógeno.

Ahora ya se disponía de un método para localizar el hidrógeno interestelar en el espacio y averiguar si se hallaba presente en profusión o en cantidades escasas. Además, los fotones eran fotones de microondas, y no de luz visible, con lo cual podían atravesar nubes de polvo sin dificultad alguna, permitiendo a los astrónomos «ver» el hidrógeno interestelar en muchas partes de la Galaxia que de otro modo serían invisibles.

Puesto que era de esperar que el polvo y el gas de la Galaxia se hallaran concentrados en los brazos espirales, al trazar un mapa de las fuentes de radiación de 21 centímetros debería obtenerse algo así como un plano de la estructura espiral de nuestra Galaxia. En realidad, antes de que se detectara la radiación de 21 centímetros ya se habían llevado a cabo algunos intentos de establecer la estructura de los brazos espirales, tomando como punto de partida las nubes luminosas de hidrógeno caliente. Tales nubes se suponía que rodeaban a las estrellas de la Población I (particularmente calientes) que se formaban en la masa de polvo de los brazos. La línea de gigantes blanco-azuladas —estrellas que hacen brillar al hidrógeno circundante en un radio de varios años-luz— revelarían así la forma de los brazos. Utilizando esta técnica, el astrónomo americano William Wilson Morgen (n. 1906) y sus colaboradores confeccionaron en 1951 un mapa de los brazos espirales de nuestra Galaxia.

En el mapa se distinguían diversas partes de tres brazos perfectamente perfilados. Uno de ellos se extendía por la constelación de Orión y recibió el nombre de «Brazo de Orión». A él pertenece nuestro Sol. Más cerca del centro galáctico que aquél se encuentra el «Brazo de Sagitario» y más alejado del centro que el Brazo de Orión se halla el «Brazo de Perseo».

El mapa fue ganando en complejidad a medida que se fueron efectuando otras investigaciones de este tipo, pero llegó un momento en que la técnica en cuestión, superada por el descubrimiento de la radiación de 21 centímetros, quedó anticuada. A partir de entonces, los astrónomos podían trabajar con distancias mucho mayores y con mucho más detalle. Los mapas de la estructura de la Galaxia que se confeccionaron por entonces indicaban en la dirección de una espiral doble bastante simétrica.

El gas de hidrógeno, frío y neutro, de la Galaxia no es ni mucho menos estático. Los estudios de Oort y Van de Hulst parecen demostrar que el hidrógeno fluye desde el centro hacia las estribaciones del sistema a una velocidad sorprendentemente alta. Oort calcula que la cantidad de hidrógeno transportada al año desde el centro a las afueras equivale a la masa del Sol. De acuerdo con ciertas conjeturas, la misión de este flujo de gas a lo largo de los brazos espirales consiste en mantener la integridad estructural de los brazos, suministrar una reserva abundante de gas y garantizar así la formación de nuevas estrellas. Por otra parte, no es fácil encontrar una respuesta a la cuestión de por qué no se agota la fuente de hidrógeno localizada en el centro galáctico. No cabe duda de que tuvo que extinguirse hace mucho de no haber existido una circulación general de hidrógeno que proporcione el suministro preciso a la fuente central, a expensas quizá de ese «halo» gigantesco de gas de hidrógeno que al parecer envuelve a la Galaxia en su totalidad. En cuanto al agente que mantiene en movimiento la circulación de hidrógeno, se desconoce por ahora su naturaleza.

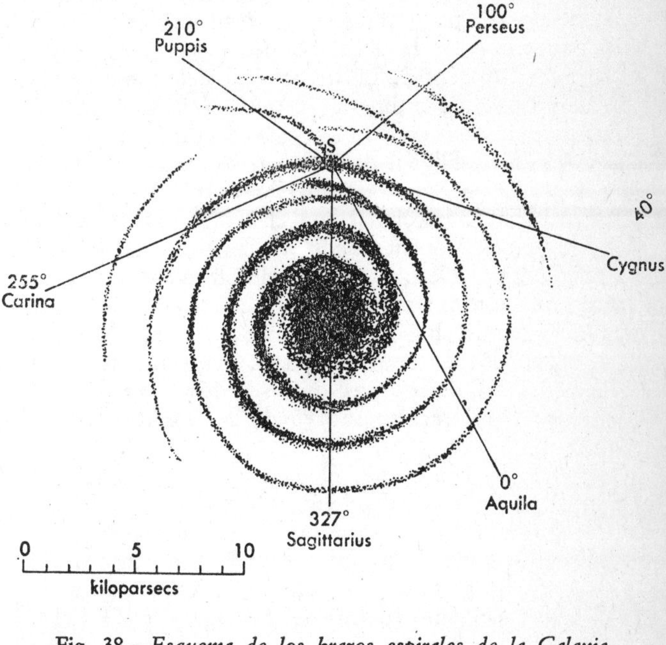

Fig. 38.—*Esquema de los brazos espirales de la Galaxia.*

Nuestra Galaxia no es, naturalmente, la única que posee una reserva de hidrógeno, aunque la cuantía de ésta puede variar según el tipo de galaxia. Parece ser que las espirales tienen más hidrógeno que las elípticas. Se cree también (de acuerdo con los estudios sobre la radiación de 21 centímetros) que las galaxias espirales más abiertas poseen una mayor abundancia de hidrógeno que las más «empaquetadas», y que las galaxias irregulares superan a todas las demás en este aspecto. Hoy por hoy, la posible relación que esto pudiera tener con la evolución de las galaxias pertenece al terreno de lo incierto.

Los astrónomos, impulsados por el lógico interés de descubrir otros tipos de radiación de microondas que puedan ser de utilidad en el estudio del gas interestelar, centraron su atención en el deuterio (hidrógeno-2). El hidrógeno es la componente más abundante (y con gran diferencia) del gas interestelar; cierto porcentaje —si bien pequeño— de tales átomos tiene que estar constituido por hidrógeno-2. El átomo de hidrógeno-2 difiere del de hidrógeno-1 ordinario en que, además de un protón, posee un neutrón en el núcleo. Según las predicciones teóricas, y al igual que ocurre con el átomo de un solo protón, el campo magnético del núcleo protón-neutrón debe interaccionar con el campo magnético del electrón, emitiendo microondas de longitud de onda de 91 centímetros. Después de escudriñar todas las radiofuentes de cierta intensidad (tales como Cassiopeia A) en busca de la susodicha longitud de onda, ésta fue detectada en 1966 por los astrónomos de la Universidad de Chicago. En la actualidad se cree que la cantidad de deuterio del Universo asciende a un 5% de la de hidrógeno corriente.

Después del hidrógeno, el elemento más común del Universo es el helio. En 1966, el astrónomo soviético N. S. Kardashev logró detectar microondas producidas por el helio, y con longitudes de onda que concordaban con las calculadas a partir de consideraciones teóricas.

El tercer elemento (detrás del hidrógeno y del helio) en la escala de abundancias del gas interestelar es el oxígeno. Un átomo de oxígeno se puede combinar con otro de hidrógeno para formar un «grupo oxhidrilo», combinación que, sin embargo, no sería estable en nuestro planeta, pues dicho grupo es muy activo y reaccionaría con cualquier otro átomo o molécula que encontrara. En este aspecto es de destacar su reacción con un segundo átomo de hidrógeno para formar una molécula de agua. Pero (como ya señaló Shklovsky en 1953) tratándose del espacio interestelar, donde los átomos se encuentran muy dispersos y las colisiones son escasas y muy espaciadas, una vez formado un grupo oxhidrilo, éste se mantendrá intacto durante mucho tiempo.

Según los cálculos teóricos, los grupos oxhidrilos emiten o absorben cuatro clases de microondas de longitudes de onda diferentes. Finalmente, tras un estudio detenido de Cassiopeia A a cargo de un equipo de técnicos de radio del laboratorio Lincoln del M. I. T., se logró detectar en 1963 dos de estas longitudes de onda: se trataba de líneas de absorción en torno a los 55 centímetros.

Las absorciones del grupo oxhidrilo resultaron ser de una utilidad insospechada. La masa del grupo oxhidrilo es unas veces diecisiete veces superior a la del átomo de hidrógeno, lo cual hace que sea mucho más «perezoso» que éste: para una temperatura dada, su velocidad es sólo una cuarta parte de la del átomo de hidrógeno. Y como, en general, el movimiento de los átomos se traduce en líneas más difusas, la línea de absorción del grupo oxhidrilo es mucho más definida que la del hidrógeno. Esto, a su vez, facilita la tarea de averiguar si la línea del oxhidrilo se ha desplazado ligeramente hacia las longitudes de onda más cortas o más largas y, por consiguiente, de determinar la velocidad radial de la nube de gas.

Por otra parte, la proporción entre la cantidad de grupos oxhidrilo y átomos de hidrógeno varía, por una razón u otra, según los lugares, y parece ser que la cantidad relativa de grupos oxhidrilo aumenta rápidamente a medida que nos vamos acercando al centro galáctico y a las regiones calientes tipo H-II. En vista de ello, los astrónomos albergan la esperanza de que trazando un mapa de la abundancia relativa del grupo oxhidrilo en la Galaxia se podrá llegar a localizar con gran exactitud su centro, lo cual permitiría una interpretación más clara de los procesos que allí se desarrollan.

En 1967 se descubrió que algunas de las regiones ricas en grupos oxhidrilo no poseían un tamaño mucho mayor que el del sistema solar. Inmediatamente se hicieron conjeturas en torno a la posibilidad de que dichas regiones representaran estrellas en proceso de formación: estrellas que aún eran suficientemente frías para permitir la asociación de átomos de oxígeno e hidrógeno en forma de grupos oxhidrilo. En lo que respecta a las más frías y jóvenes se pensó que eran gigantes infrarrojas (véase página 186). Inmediatamente fueron sometidas a investigación, comprobando que varias de ellas estaban asociadas efectivamente con radiación oxhidrilo, lo cual aumenta la probabilidad de que la hipótesis anterior sea cierta.

Después del hidrógeno, helio y oxígeno, los componentes más comunes de la materia interestelar son el nitrógeno y el carbono. Como es natural, en seguida se inició la búsqueda de posibles combinaciones que incluyeran estos elementos. En 1968 se detectaron en el polvo y gas interestelares ciertas líneas espectrales asociadas con la molécula de amoniaco (constituida por un átomo de nitrógeno y tres de hidrógeno: NH_3), y en 1969 se descubrieron otras asociadas con moléculas de formaldehido (un átomo de carbono, dos de hidrógeno y uno de oxígeno: CH_2O). Estos hallazgos despertaron un interés inusitado, pues se esperaba que en cualquier esquema de formación de vida planetaria las moléculas del tipo amoniaco y formaldehido tendrían que constituir la materia prima. El hecho de que tales compuestos se hallen presentes incluso en la materia interestelar confirma en cierto modo la sospecha de que la vida es un fenómeno que puede darse en muchos planetas y una manifestación común a todo el Universo.

Púlsars

Durante los años sesenta los astrónomos empezaron a interesarse en el problema de cómo era posible que las microondas procedentes de una fuente concreta lograran variar de intensidad. Dicha variación no tenía nada de sorprendente siempre que fuese lenta, pero hacia 1964 se observó que en el caso de algunas fuentes la intensidad de las microondas variaba con una rapidez insólita. Podría casi decirse que las microondas parpadeaban o hacían guiños.

La consecuencia inmediata de este fenómeno fue que los astrónomos se lanzaron al diseño de radiotelescopios capaces de captar impulsos muy breves de microondas, con la esperanza de que estos instrumentos permitiesen estudiar con más detalle esos cambios súbitos de intensidad. Uno de los astrónomos que comenzó a trabajar con un radiotelescopio de este tipo fue Anthony Hewish, en el Observatorio de la Universidad de Cambridge. Poner en funcionamiento el telescopio y detectar pequeños impulsos de energía de microondas, fue todo uno. Tales impulsos, provenientes de un punto a medio camino entre Vega y Altair, dejaron estupefacto a Hewish; pues aunque había esperado encontrarse con impulsos muy rápidos, nunca hubiera creído que fueran tan breves: cada uno de ellos duraba sólo 1/30 de segundo. Pero había algo más sorprendente aún, y es que los impulsos se sucedían con notable regularidad a intervalos de $1^1/_3$ segundos. Ahora bien, decir $1^1/_3$ segudos, a secas, sería decir la verdad a medias, pues lo cierto es que los intervalos eran iguales hasta la cienmillonésima de segundo. El período del primer caso que se observó era de 1,33730109 segundos.

Quizá parezca extraño que el nuevo instrumento captara al instante esta fuente de emisión, cuando los radiotelescopios ordinarios habían sido incapaces de ello. Sin embargo, hay que tener en cuenta que aunque los impulsos son muy energéticos y en su momento de máxima intensidad resultan fáciles de captar, este momento no pasa de ser un instante. Los radiotelescopios normales, que no están concebidos para detectar impulsos muy breves, sólo registran la emisión *media,* que representa únicamente el 3% o menos de la intensidad máxima. Es lógico, pues, que los impulsos pasaran inadvertidos.

Hewish no poseía la menor idea de lo que este raro fenómeno de microondas podía representar. Pero como las microondas parecían emerger de los cielos, supuso que se trataría de algún tipo de estrella; una «estrella pulsante», por lo demás, puesto que las microondas eran emitidas en breves impulsos. La denominación de «estrella pulsante» [*pulsating star*] fue abreviada bien pronto en «púlsar», y este es el nombre con que se conoce desde entonces a esta clase de objetos.

Y decimos objetos, en plural, porque una vez que Hewish detectó el primero, se lanzó en busca de otros análogos. Cuando, en febrero de 1968, anunció su descubrimiento, había localizado ya hasta cuatro. A esta búsqueda se unieron más tarde otros astrónomos, y en cuestión de dos años el número de púlsars ascendió a casi cuarenta.

Dos terceras partes de ellos están situados muy cerca del ecuador galáctico, lo cual constituye un indicio muy fuerte de que, en general, los púlsars forman parte de nuestra Galaxia. Lo cual no quiere decir que no existan también en otras galaxias, pero ocurre que a la distancia a que se encuentran éstas, los púlsars serían probablemente demasiado débiles para revelar su presencia. Se calcula que algunos de los púlsars que se han localizado hasta ahora quizá estén a sólo unos 100 años-luz de nosotros.

Aunque, como es natural, el período de los diferentes púlsars varía de uno a otro, todos ellos se caracterizan por una regularidad asombrosa en sus pulsaciones. Uno de ellos tiene un período de hasta 3,7 segundos, mientras que otro, descubierto en noviembre de 1968 por los astrónomos de Green Bank (West Virginia) en la nebulosa del Cangrejo, tiene un período de sólo 0,033089 segundos, es decir, emite 30 pulsaciones por segundo.

Naturalmente, la cuestión latente en todo este problema estribaba en saber qué era lo que originaba estos relámpagos brevísimos de regularidad tan fantástica. Tal fue el estupor que los primeros púlsars produjeron en Hewish y sus colaboradores que llegaron a pensar que se trataba de señales emitidas por alguna forma de vida inteligente que habitaran en las profundidades del espacio. Sin embargo, no tardó en comprobarse que las longitudes de onda que formaban parte de los impulsos eran fácilmente oscurecidas por la radiación de microondas que pulula en general por la Galaxia. Ninguna forma de vida inteligente —capaz además de producir tales impulsos— sería tan obtusa como para seleccionar esas longitudes de onda. Por otra parte, la cantidad de energía que implican estos impulsos hace sumamente improbable que provengan de seres inteligentes, pues se calcula que a tal efecto se requeriría una energía equivalente a 10.000 millones de veces la que puede producir el hombre. Sería descabellado derrochar tanta energía para enviar simplemente señales regulares. A medida que aumenta el número de púlsars detectados por los astrónomos, parece menos probable que existan tantas formas de vida diferentes ocupadas en transmitirnos señales. Esta teoría fue abandonada muy pronto.

Pero los impulsos tienen que provenir de alguna parte, o lo que es lo mismo, tiene que haber algún cuerpo astronómico que experimente un cambio a intervalos suficientemente rápidos para producir los impulsos.

Cabría pensar, por ejemplo, en un planeta que girara alrededor de una estrella de modo que al cabo de cada revolución se ocultara detrás de ella (visto desde la Tierra). Cada vez que el planeta emergiera de detrás de la estrella emitiría un potente impulso de microondas. O bien cabría pensar que el planeta gira alrededor de su propio eje y que en algún punto de su superficie se produce una fuga cuantiosa de microondas, de suerte que cada vez que dicho punto pasara por la dirección de la Tierra, nosotros recibiríamos un impulso. Esta hipótesis requeriría, sin embargo, que el planeta girase alrededor de la estrella o alrededor de su propio eje con un período comprendido entre 4 segundos y 1/30 de segundo, lo cual resulta inadmisible.

Para que se produzcan impulsos tan rápidos como los de los púlsars es preciso que exista algún objeto que gire con una velocidad enorme, y ello requiere la presencia de campos gravitatorios ingentes. Inmediatamente se pensó en las enanas blancas (véase pág. 215). Los teóricos pusieron en seguida manos a la obra, pero a pesar de todos sus esfuerzos no lograban concebir una enana blanca que girara alrededor de otra, o alrededor de su propio eje, o que emitiera impulsos con una velocidad suficiente para explicar el fenómeno de los púlsars. Las enanas blancas eran demasiado grandes y sus campos gravitatorios demasiado débiles.

Había que buscar algo más pequeño y más denso que las enanas blancas, y Thomas Gold pensó en las estrellas de neutrones (véase pág. 344). Este tipo de estrellas había salido a relucir ya en una ocasión anterior, cuando los astrónomos especulaban en torno a las fuentes de rayos X; pero su aparición fue muy breve. Ahora, la idea de las estrellas de neutrones se hallaba de nuevo sobre el tapete.

Gold señaló que las estrellas de neutrones eran suficientemente pequeñas y densas para describir una rotación alrededor de su eje en 4 segundos o menos. Por otra parte, la teoría había predicho que tales estrellas poseerían un campo magnético y polos magnéticos. Los electrones se hallarían tan ligados por el campo gravitatorio de la estrella que sólo podrían escapar en los polos. Y una vez fuera de la esfera de acción de la estrella, los electrones perderían energía en forma de microondas. El resultado sería éste: de dos puntos opuestos de la superficie de la estrella de neutrones emergerían sendos haces continuos de microondas.

Si, en estas condiciones, da la casualidad de que la estrella gira de modo que el haz de microondas se emite precisamente en la dirección de la Tierra, no cabe duda de que detectaremos un breve impulso de microondas por cada revolución de la estrella. Naturalmente, los observatorios terrestres sólo detectarían aquellos púlsars que estuvieran orientados de modo tal que uno de sus polos magnéticos emitiera en la dirección de nuestro planeta. Algunos astrónomos calculan que sólo una de cada cien estrellas de neutrones poseen tal orientación, y que a pesar de que el número de estas estrellas quizá llegue a las 100.000 en la Galaxia, sólo 1.000 serían localizables desde la Tierra.

Gold indicó también que si su teoría era correcta, la estrella de neutrones perdería energía por los polos magnéticos y su velocidad de rotación disminuiría. Es decir, cuanto más corto fuese el período de un púlsar, más joven sería éste, más rápido sería el ritmo de pérdida de energía y más de prisa se iría parando la estrella.

El púlsar más rápido que se conoce —situado en la nebulosa del Cangrejo— quizá sea también el más joven, pues la explosión supernova que probablemente dio origen a la estrella de neutrones tuvo lugar hace sólo mil años.

El púlsar de la nebulosa del Cangrejo fue sometido a un estudio minucioso y se vio que su período iba efectivamente en aumento, tal y como había predicho Gold. El aumento era de 36,48 milmillonésimas de segundo por día. Este mismo fenómeno fue observado también en otros púlsars, por lo que la teoría de las estrellas de neutrones fue aceptada con carácter provisional.

En ocasiones ocurre que un púlsar se acelera ligeramente, para recuperar luego de nuevo su tendencia hacia la deceleración. Algunos astrónomos lo interpretan como el resultado de un «estrellemoto», o cambio en la distribución de la masa dentro de la estrella de neutrones. También puede ser debido a la inmersión de un voluminoso meteoro en la estrella de neutrones, de modo que al momento propio de la estrella vendría a sumarse el del bólido.

Está claro que no hay razón alguna para suponer que los electrones que emergen de la estrella de neutrones pierden su energía sólo en forma de microondas; todo lo contrario: deben producirse ondas a lo largo de todo el espectro. Los astrónomos centraron entonces su atención en aquellas porciones de la nebulosa del Cangrejo donde existían restos visibles de la antigua explosión. Y efectivamente, en enero de 1969 se observó que la luz que emitía una de las tenues estrellas de la nebulosa se encendía y apagaba en perfecta sincronización con los impulsos de microondas. Era el primer púlsar óptico que se descubría: la primera estrella de neutrones visible.

El púlsar de la nebulosa del Cangrejo también emitía rayos X. Un 5% aproximadamente de la cantidad total de rayos X de la nebulosa procedían de ese minúsculo objeto parpadeante.

Pero las estrellas de neutrones quizá tampoco constituyan el límite último. En su teoría general de la relatividad, Einstein había predicho que las fuerzas gravitatorias debían transmitirse por medio de ondas. Por desgracia, las ondas gravitatorias serían mucho menos intensas que las ondas luminosas: billones y billones de veces menos intensas que éstas. Aun suponiendo que existieran, no parecía posible que se llegara jamás a detectarlas. Pues incluso en el caso de que en el Universo existieran masas gigantescas moviéndose a velocidades enormes, las ondas gravitatorias que emitirían serían increíblemente débiles. Esto, sin embargo, no desanimó a Joseph Weber, de la Universidad de Maryland, quien desde el año 1957 viene intentando detectarlas.

A este fin utilizó cilindros de aluminio de un metro y medio de longitud por algo más de medio metro de anchura, suspendidos de un alambre dentro de una cámara de vacío. Con este dispositivo se podían detectar desplazamientos de una cienbillonésima de centímetro; en opinión de Weber, algunas de las ondas gravitatorias que chocaran contra el cilindro deberían ser suficientemente intensas para producir un desplazamiento de esa magnitud. Ahora bien, puesto que la extensión de una de estas ondas bastaría para abarcar la Tierra entera, Weber instaló dos cilindros, uno en Baltimore y el otro en Chicago, de suerte que si ambos reaccionaban *simultáneamente*.

podría estar bien seguro de que se trataba de una onda gravitatoria.

En 1969 Weber anunció que había detectado algunos «sucesos» que, en su opinión, cabía atribuir a las ondas gravitatorias. A principios de 1970 había observado ya unos 200 casos análogos. Parece ser que las estrellas de neutrones son los únicos objetos capaces de producir las ondas gravitatorias detectadas; pero tampoco es seguro que la masa de aquellas estrellas sea suficiente para dar lugar a ondas detectables desde la Tierra.

¿Quiere decir esto que los trabajos de Weber apuntan hacia algo más lejano aún, hacia fuerzas más intensas todavía o formas de materia de un tamaño y concentración aún más monstruosos? Aún es pronto para decirlo.

19. El borde del Universo

Galaxias en colisión

Hacia mediados de la década de los años cincuenta se sabía ya de la existencia de unas 2.000 radiofuentes. Aunque algunas de ellas formaban parte, sin lugar a dudas, del complejo general de emisión de microondas de la Vía Láctea, no ocurría otro tanto con la mayor parte de ellas (unas 1.900, para ser más exactos). Las fuentes de este segundo grupo no se extendían a lo largo de una superficie considerable —como ocurría con la emisión de microondas procedente de la Vía Láctea—, sino que, como ya indicó el astrónomo australiano John G. Bolton en 1948, se trataba de fuentes puntuales, de microondas que emergían de pequeños sectores del cielo.

Parecía lógico suponer que estas microondas provenían de estrellas que, por alguna razón desconocida, radiaban con gran intensidad en esa región del espectro. Tal razonamiento fue lo que indujo a Bolton a darles el nombre de «radioestrellas».

Lo que era indudable es que si las radioestrellas existían, no podían ser estrellas ordinarias, sino, probablemente, restos de supernovas. En el caso de la nebulosa del Cangrejo —la tercera radioestrella por orden de brillo— esto tenía que ser absolutamente cierto, y lo mismo podía asegurarse, aunque con un grado de certidumbre algo menor, de Cassiopeia A, la radioestrella más brillante. (Hoy día se especula en torno a la posibilidad de que Cassiopeia A constituya los restos de una supernova que explotó hace sólo 300 años, permaneciendo, sin embargo, invisible debido a las nubes de polvo que se interponen entre aquélla y nosotros. Tales nubes no representan, en cambio, barrera alguna para la radiación de microondas. Cassiopeia B, otra de las fuentes de radio en Cassiopeia, acaso sea los restos de la supernova de Tycho; véase pág. 230.)

Pero había un inconveniente, y es que en aquellos primeros tiempos de la radioastronomía resultaba casi imposible asociar las radioestrellas con objetos ópticamente visibles, ni siquiera con tenues manchas de carácter nebuloso como Cassiopeia A. La dificultad estribaba en parte en que la precisión con que se puede observar un objeto depende de la longitud de onda de la radiación utilizada. Las radiaciones de larga longitud de onda producen una visión más borrosa. Y comoquiera que las microondas tienen una longitud 400.000 veces superior a la de las ondas luminosas con que normalmente observamos las estrellas, la «visión» que obtenemos con este tipo de radiación es tanto más borrosa. Mirar el cielo a través de las microondas es algo así como observarlo con ayuda de instrumentos ópticos completamente desenfocados; en lugar de un punto bien definido, lo que se obtiene es una tenue mancha difuminada. Dentro de esa mancha tiene que encontrarse el punto que buscamos, pero ¿dónde exactamente?

El procedimiento que tenían que seguir entonces los radioastrónomos era el siguiente: localizar lo mejor posible la fuente de radio, delimitar en torno a ésta una zona relativamente pequeña (pequeña a simple vista, claro está, porque con ayuda de un potente telescopio óptico resultará gigantesca), y comprobar después si en algún punto de dicha zona se observa algún punto sospechoso que emita radiación visible. Si el resultado es positivo, se procurará por todos los medios enfocar al máximo la imagen de microondas con el fin de averiguar si la imagen se concentra en el punto sospechoso. Con el paso del tiempo, y a medida que los radiotelescopios fueron aumentando de tamaño y los instrumentos de detección adquirieron mayor precisión, fue también aumentando la eficacia de los métodos de la radioastronomía.

Pero los años fueron pasando, y la sensación de inquietud que la idea de las radioestrellas provocaba en los astrónomos, lejos de desvanecerse, iba en aumento. Pues por grande que fuese la exactitud con que se fijara la supuesta posición de estos objetos, no había modo de localizar —salvo en un número muy reducido de casos— ningún cuerpo visible dentro de la Galaxia. Pero había algo peor, y es que a medida que se iban localizando más y más radioestrellas, mayor era el convencimiento de que se hallaban distribuidas uniformemente por todo el cielo, en rotundo contraste con todos los demás objetos de nuestra Galaxia —desde las estrellas ordinarias hasta los restos de las supernovas—, que, como sabemos, se hallan concentrados fuertemente en el plano de la Vía Láctea. Para ser más exactos: los únicos objetos ópticamente visibles que presentan una distribución uniforme a lo largo y a lo ancho del firmamento son las galaxias. ¿Quería esto decir que las llamadas radioestrellas eran, en realidad, galaxias? ¿Debería entonces hablarse de «radiogalaxias» y no de radioestrellas?

La primera ruptura en esta dirección tuvo que ver con «Cygnus A», fuente de radio que ocupaba el segundo lugar en la escala de brillo. En 1944 Reber había registrado ya cierta emisión de microondas proveniente de esa dirección, y en 1948 Bolton demostró que se trataba de una radioestrella. Este descubrimiento revestía su interés, pues era la primera fuente de radio que Bolton logró identificar con una precisión suficiente para garantizar y justificar el nombre de radioestrella. En 1951 se había logrado ya delimitar la posición de Cygnus A a una zona de un minuto de arco de lado, aproximadamente. El problema se reducía, pues, a localizar algo visible dentro de dicha zona.

Baade estudió esa parcela con el telescopio de 200 pulgadas e identificó dentro de ella una galaxia de extraña configuración. Investigaciones ulteriores revelaron que, al parecer, no se trataba de una galaxia distorsionada, sino de dos galaxias cuyos núcleos se hallaban en íntimo contacto.

La explicación parecía inmediata: ¡dos galaxias en colisión! Igual que a nivel estelar se producían catástrofes que resultaban en un vómito de microondas, también existían catástrofes colosales a nivel galáctico, con emisiones aún más profusas de microondas. Por otra parte, parecía claro que al entrar en colisión, las galaxias tendrían que experimentar un trabajo ingente. Este extremo quedó confirmado cuando, finalmente, se logró registrar el espectro óptico correspondiente (labor sumamente ardua dada la debilidad de la imagen); dicho espectro exhibía las líneas de átomos altamente ionizados, líneas cuya presencia delataba de modo inequívoco temperaturas altísimas (Baade se había apostado con Minkowski una botella de whisky a que ocurría esto, y ganó).

No tardó en surgir la sospecha de que acaso todas, o casi todas, las llamadas radioestrellas fuesen en realidad galaxias en colisión. Al punto se emprendió una búsqueda intensa de otros casos de este tipo, o mejor dicho, de cualquier «galaxia peculiar» que, exhibiendo alguna anormalidad en su forma o estructura, pudiera indicar la presencia de un suceso poco usual a escala cósmica.

Tales casos fueron hallados, y en cantidades copiosas. Hasta la fecha se han detectado más de cien «radiogalaxias», y muchas de ellas no cabe duda de que son peculiares. Entre ellas figura, por ejemplo, la galaxia NGC 5128, que presenta el aspecto de una galaxia esferoidal con una ancha banda de polvo que corre todo a lo largo de su parte central. En aquel tiempo se especuló en torno a la posibilidad de que en este caso se tratara también de una colisión galáctica y que la banda oscura del centro fuese una galaxia espiral, vista de canto, abriéndose paso a través de la esferoidal.

Los astrónomos calcularon la probabilidad de que se produjera una colisión galáctica en general y llegaron a la conclusión de que este suceso quizá fuese mucho más probable que una colisión estelar. El Sol, por ejemplo, tiene un diámetro de 1.400.000 kilómetros y se halla a 40.000.000.000.000 de kilómetros de su vecino más próximo. Si tomamos estas cifras como representativas de la situación general, entonces la distancia entre dos estrellas cualesquiera equivale aproximadamente a 3.000.000 de veces su diámetro. Significa esto, por tanto, que una estrella que se mueva al azar tiene muchas más probabilidades de pasar de largo a través del espacio interestelar vacío que de hacer blanco precisamente en esos cuerpos relativamente diminutos que son las estrellas.

Por otro lado, nuestra Galaxia tiene un diámetro de 100.000 años-luz, y su vecino más próximo (de entre los de mayor tamaño), la galaxia de Andrómeda, se halla a 2.300.000 años-luz. Si de nuevo consideramos esta situación como representativa, entonces la distancia entre dos galaxias cualesquiera equivale a unas veinte veces su diámetro. Vemos, pues, que la aglomeración relativa de las galaxias en el espacio es mucho mayor que la de estrellas dentro de una galaxia, lo cual se traduce en el hecho de que las colisiones intergalácticas son tanto más probables que las interestelares.

En aquellos días de esplendor que siguieron al descubrimiento de la supuesta colisión de galaxias en Cygnus se calculó que en la porción de Universo que nos rodea deberían producirse cinco colisiones por cada mil millones de galaxias, mientras que en el interior de los cúmulos galácticos dichos sucesos serían mucho más comunes. En relación con cierto cúmulo de la constelación Coma Berenices, constituido por 500 galaxias, se estimó que en todo momento se deberían estar produciendo como mínimo dos colisiones, y que todas y cada una de estas 500 galaxias tendrían que experimentar más de una colisión a lo largo de su vida.

Claro está que cuando dos galaxias entran en colisión, pasando una a través de la otra, el número de colisiones estelares que se producirán será muy escaso, pues no olvidemos que las estrellas se hallan muy separadas entre sí en relación con su tamaño. No ocurre lo mismo con las nubes de polvo de ambas galaxias; dichas nubes es muy probable que choquen entre sí, pasando una a través de la otra. Posiblemente sea este proceso lo que constituye la fuente de emisión de microondas.

Esta última hipótesis viene apoyada por lo siguiente: a medida que se fue localizando con mayor precisión la radiofuente de Cygnus, se comprobó que no parecía surgir de los dos núcleos galácticos (carentes de polvo) que en ese momento se hallaban en colisión, sino de dos puntos situados claramente a sendos lados de dichos núcleos, es decir, en los brazos espirales, donde la concentración de polvo es muy alta.

Galaxias en explosión

La teoría de la colisión de las galaxias tuvo una vida alegre pero efímera, pues había una cuestión —la de la energía— que no dejaba de atormentar a los astrónomos.

Una galaxia ordinaria, como la nuestra, emite unos 10.000.000.000.000.000.000.0 00.000.000 (diez mil cuatrillones) de kilovatios de energía en forma de microondas. Esto equivale a la acción conjunta de unas mil fuentes de radio como Cassiopeia A.

La cifra anterior ni es excesiva, ni produce asombro alguno entre los astrónomos, pues para explicar una emisión de microondas de esta magnitud basta con suponer que la galaxia (ordinaria) que la emite contiene varios miles de restos de supernovas. La emisión de microondas de una galaxia ordinaria representa sólo una millonésima parte de la energía radiada en forma de luz. No hay, pues, motivo de alarma.

Ahora bien, si pasamos al grupo de las radiogalaxias

observamos que incluso la más débil de ellas vierte al espacio unas cien veces más energía en forma de microondas que las galaxias ordinarias. Cygnus A radia un millón de veces más energía en forma de microondas que dichas galaxias, y cinco veces más energía en esta forma que en forma de luz. Pero tampoco se contenta con eso, sino que produce además cantidades fantásticas de rayos cósmicos. Se cree que la energía de rayos cósmicos que se halla presente en Cygnus A equivale a siete veces la que se obtendría si la masa total del Sol se transformara en energía.

El asunto comenzaba a resultar desconcertante, y cuantas más vueltas se le daba, más difícil parecía poder llegar a explicar el origen de estas auténticas avalanchas de microondas. Se había comprobado, por ejemplo, que la energía total de la emisión de microondas de Cygnus A equivalía aproximadamente a la energía total del movimiento de las dos galaxias que, supuestamente, habían colisionado. Parecía de todo punto increíble que la energía de colisión pudiera convertirse por completo en microondas, pues ello supondría que en último término las dos galaxias acababan en reposo una con respecto a la otra. ¿Pero a expensas de qué? ¿De miles y miles de millones de colisiones estelares? ¡Imposible! Y aun suponiendo que esto fuese cierto, ¿cómo es que toda la energía se emitía en forma de microondas? Sería lógico suponer que gran parte de aquélla se emitiese en forma de radiación correspondiente a otras regiones del espectro.

Por otro lado, a medida que la década de los años cincuenta se acercaba a su fin se fue comprobando que la emisión de microondas de las diversas fuentes de radio no tenía otro origen que la radiación sincrotrón de electrones altamente energéticos atrapados en un campo magnético (véase pág. 368). Así pues, la energía cinética no se convertiría directamente en microondas durante la colisión, sino en electrones muy energéticos que más tarde se verían atrapados en un campo magnético. Sin embargo, los científicos no conocían ningún mecanismo que

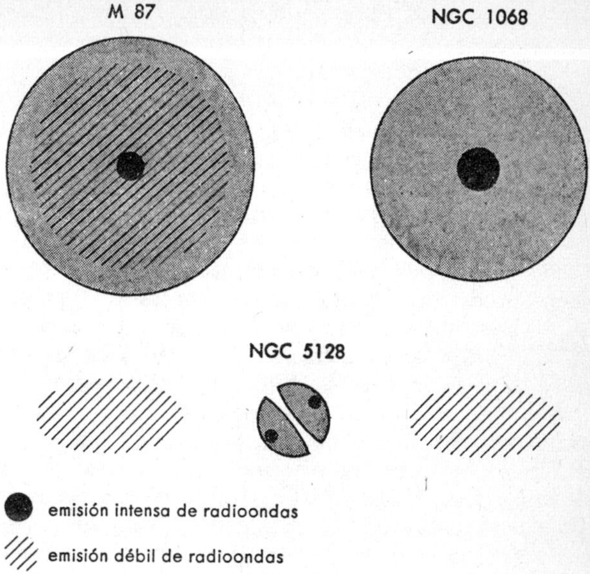

Fig. 39.—*Fuentes de radio en el interior de las galaxias.*

explicara de un modo razonable esta conversión de energía cinética en electrones de alta energía.

Pero al margen de estas dificultades de orden teórico había observaciones empíricas que contradecían la hipótesis de las galaxias en colisión. En efecto, a medida que se iban localizando fuentes de microondas e identificándolas con galaxias, resultaba cada vez más difícil interpretar todo cuanto se observaba en éstas como colisiones. Algunas de las «galaxias peculiares» eran peculiares por la intensidad de la emisión de microondas, pero no por su forma o aspecto. Parecían galaxias perfectamente ordinarias, solitarias, imperturbables, pero emitiendo grandes cantidades de microondas.

Ante este dilema, los astrónomos empezaron a pensar en otra posibilidad: quizá no se tratara de dos galaxias, sino de la explosión de una sola.

La galaxia NGC 1068, por ejemplo, es una débil radiogalaxia cuya emisión de microondas es sólo unas cien veces superior a la de una galaxia normal; pero sucede que toda esta radiación parece surgir de una pequeña zona situada justamente en el centro de la galaxia. Si se tratara de la colisión de dos galaxias (proceso en el que desempeñarían un papel muy activo las nubes de polvo), sería lógico esperar que la fuente de radiación se dispersara por una zona muy ancha, pero nunca que se concentrara en el centro, pues esta parte carece prácticamente de polvo. En el caso de una explosión, por el contrario, el proceso alcanzaría su máxima virulencia precisamente en el centro, allí donde la aglomeración de estrellas es mayor y donde la probabilidad de que ocurra una catástrofe que afecte a un gran número de astros en un lapso de tiempo relativamente corto, es máxima. En estas condiciones, es posible que estemos presenciando el comienzo de una catástrofe de este tipo en NGC 1068. La emisión de microondas se halla todavía altamente concentrada en ese centro que comienza a explotar y es aún bastante débil.

Una etapa algo posterior del mismo proceso quizá venga representada por la galaxia NGC 4486, mejor conocida como M87, debido a su posición en la lista de Messier. (Digamos de paso que ésta es la galaxia más masiva que se conoce, con un total de unos 3 billones de estrellas.) Esta galaxia, al igual que la anterior, posee una intensa fuente de microondas en el centro; pero a diferencia de aquélla, emite también microondas —aunque débilmente— a lo largo de todo un halo que se extiende alrededor del centro y que coincide casi por completo con el volumen total ópticamente visible. Es como si la furia rabiosa de la explosión central se hubiese extendido decenas de miles de años-luz en todas direcciones. De este modo, la galaxia M87 emite microondas con una intensidad cien veces superior a la de NGC 1068. Hay además otro hecho muy interesante, y es que un estudio óptico detenido revela en M87 un chorro luminoso que emerge de su centro. ¿Se tratará quizá de material estelar lanzado al espacio intergaláctico por la violencia de la explosión central? Baade demostró que la luz de este chorro estaba polarizada, lo cual viene a apoyar la teoría de Shklovsky en el sentido de que el origen de las microondas es la radiación sincrotrón.

En una fase aún posterior del proceso, la fuente principal de emisión de microondas posiblemente se desplace fuera del núcleo galáctico, emergiendo a ambos lados de éste. (Esto parece ser cierto en un 75%, aproximadamente, de las radiogalaxias estudiadas.) En el caso de NGC 5128, que radia microondas con una intensidad comparable a la de M87, existen cuatro regiones de emisión de microondas: dos regiones intensas, una a cada lado de la banda central de polvo, y otras dos, más débiles y extensas, una a cada lado de la porción ópticamente visible de la galaxia. La fuente de emisión de microondas se ha dividido en dos, a la vez que se ha alejado hacia el borde del núcleo galáctico y al tiempo que parte de ella se ha visto lanzada lejos del núcleo en ambas direcciones. ¿No será entonces que la banda de polvo no sea el borde de una galaxia espiral en trance de atravesar otra esferoidal (tal y como se pensó en principio), sino que represente el producto de alguna catástrofe que haya afectado al núcleo galáctico? Esa banda de polvo ¿no será una vasta nube de materia estelar desintegrada que, por puro azar, se haya visto lanzada en dirección a nosotros?

La galaxia NGC 5128 se encuentra a una distancia relativamente corta de la tierra (unos quince millones de años-luz), circunstancia que permite observarla con cierto detalle. Si su distancia fuese mucho mayor de lo que en realidad es, entonces la banda de polvo y todo cuanto la rodea quedaría reducido de tamaño, hasta el punto de que lo único que podríamos distinguir serían dos manchas de luz que no llegarían a tocarse; de este modo, nosotros lo interpretaríamos como dos galaxias acercándose una a otra de plano, como dos platillos.

Pero esta es precisamente la interpretación de las galaxias de Cygnus A, que quizá representen un caso muy análogo al de NGC 5128, con la única diferencia de que su aspecto es más tenue por causa de su distancia: 700 millones de años-luz, en lugar de los 15 millones que nos separan de NGC 5128. En ese caso, la explosión quizá se encuentre en una fase más avanzada, pues todo el material que da origen a la emisión de microondas ha sido lanzado más allá del núcleo galáctico, quedando una parte a cada lado y una distancia de 300.000 años-luz entre ambas. Lo mismo cabría decir de otras galaxias en las cuales las fuentes de radio se hallan localizadas a ambos lados del cuerpo galáctico propiamente dicho. No obstante, las galaxias siguen exhibiendo signos de la catadas: la galaxia pasa a ser de nuevo (al menos en lo que deducen de sus espectros ópticos.

La fase final acaso tenga lugar cuando las fuentes de radio empiezan a hacerse tenues y difusas, hasta que por último llega un momento en que ya no pueden ser detectadas: la galaxia pasa a ser de nuevo (al menos en lo que atañe a la radioastronomía) una galaxia normal.

Ahora bien, a pesar de que, como decimos, la idea de las galaxias en colisión iba muriendo poco a poco a medida que la teoría de la explosión galáctica iba adquiriendo cada vez más auge, lo cierto es que las pruebas empíricas que abogaban en favor de esta última se reducían casi por entero a deducciones hechas a partir de la naturaleza de las emisiones de microondas detectadas durante los años 1950-59. La única prueba óptica que hablaba a favor de la teoría de las explosiones era ese chorro luminoso que se había observado en M87, prueba que, por otro lado, no dejaba de ser dudosa, pues el chorro emergía en una sola dirección, cuando lo lógico era que un fenómeno de ese tipo se produjera en dos direcciones opuestas.

La prueba óptica que tanta falta hacía vino con la llegada de los años sesenta. En 1961 el astrónomo americano Clarence Roger Lynds (n. 1928) estaba ocupado en la localización de cierta fuente de radio de intensidad muy débil catalogada como 3C231. Dentro de la zona que, de un modo muy difuso, cubría la fuente se hallaban comprendidas varias galaxias de la constelación de la Osa

Mayor, de las cuales M81 era la más grande y sobresaliente. Hasta entonces se había supuesto que la fuente de radio en cuestión era M81; Lynds, sin embargo, logró localizarla con mayor precisión y comprobó que la fuente no era M81, sino otra galaxia vecina de menores proporciones, M82.

La galaxia M82 se hacía ciertamente acreedora al apelativo de «peculiar», y con mucha más razón que M81. Las primeras fotografías que se tomaron de M82 habían demostrado que se trataba de una galaxia excepcionalmente rica en polvo; tanto, que a pesar de hallarse a sólo diez millones de años-luz (distancia más que suficiente para distinguir estrellas individuales) resultaba imposible discernir ningún astro dentro de la galaxia. Por otro lado, la fuente de radio se encontraba emplazada en el centro, y por encima y debajo de éste aparecían tenues indicios de lo que acaso fueran filamentos de gas o polvo.

Desde el momento en que se logró identificar a M82 como una fuente de radio, sus propiedades ópticas cobraron un nuevo interés. El astrónomo americano Allan Rex Sandage (n. 1926) tomó fotografías con el telescopio de 200 pulgadas utilizando un filtro rojo especial que dejaba pasar preferentemente la luz asociada con el hidrógeno caliente. El razonamiento de Sandage era que si en el centro de aquella galaxia se estaba operando algún proceso, como consecuencia del cual se expelía cierta cantidad de materia hacia el exterior, entonces esta materia debería consistir principalmente en hidrógeno; y este hidrógeno se podría observar con una nitidez máxima si se lograba aislarlo de la luz procedente de otras fuentes.

Sandage estaba en lo cierto. La galaxia M82 estaba experimentando, clara y visiblemente, una inmensa explosión. En una fotografía tomada con una exposición de tres horas se observaban diversos chorros de hidrógeno de hasta 1.000 años-luz de longitud emergiendo del núcleo galáctico. La masa total de hidrógeno expulsada equivalía a un mínimo de 5.000.000 de estrellas de tipo medio. A juzgar por la velocidad con que se desplazaban los chorros y por la distancia que en ese momento llevaban ya recorrida, se podía deducir que la explosión, tal y como la vemos hoy día desde la Tierra, debió de iniciarse hace aproximadamente 1.500.000 años. Al parecer, se trata de una fase temprana del proceso de explosión, por lo cual aún no se observa esa duplicidad de fuentes a ambos lados de la galaxia que caracteriza a la fase tardía.

La luz de M82 está polarizada de una forma tal que delata la presencia de un intenso campo magnético en la galaxia. Esto viene a confirmar una vez más la teoría de la radiación sincrotrón. (En 1965 se descubrió radiación sincrotrón procedente de un halo en torno a M81; tal vez se trate de una respuesta al manantial de energía ocasionado por la explosión de la galaxia vecina.)

¿Son las explosiones galácticas un fenómeno relativamente común, un estadio por el que las galaxias atraviesan con relativa frecuencia, igual que muchas estrellas pasan a lo largo de su vida por la fase de nova? ¿Ha pasado nuestra Galaxia por una de estas fases? ¿Y habrá explotado ya nuestro núcleo galáctico? Si el núcleo de nuestra Galaxia efectivamente explotó, la explosión no debió de ser muy grande ni muy reciente, pues no existe señal alguna que indique la presencia de fuentes de radio a ambos lados de la Galaxia. Por otro lado, una explosión de esas características produciría intensas oleadas de neutrinos que influirían sobre las proporciones de algunos de los tipos de átomos contenidos en la corteza terrestre; y en efecto, algunos científicos opinan que las proporciones que se encuentran hoy día en la corteza abogan por una invasión tal de neutrinos.

Por último, tampoco debemos olvidar el flujo continuo de hidrógeno desde el centro de la Galaxia hacia los bordes (véase pág. 378) ni el hecho de que se ha comprobado la existencia de nubes de hidrógeno neutro a grandes latitudes galácticas, es decir, lejos del plano de la Vía Láctea. Estas nubes tal vez indiquen la presencia de una explosión en tiempos remotos.

Las radiofuentes lejanas

Pero ¿cuál es la causa de tales explosiones?

La explosión más colosal de que tenemos noticia a escala subgaláctica es la supernova. Por ello parece razonable suponer —como sugirió el astrónomo americano Geoffrey R. Burbidge— que las explosiones galácticas se producen como consecuencia de la explosión simultánea, o casi simultánea, de un gran número de supernovas.

Imaginemos un gran número de estrellas masivas que se hallen en trance de experimentar una explosión tipo supernova. En el momento en que una de ellas explota, la radiación que emite aumentará un poco la temperatura de las estrellas vecinas, pero lo suficiente como para desencadenar la explosión de las mismas. Estas, a su vez, afectarán a otras estrellas del mismo modo. La probabilidad de que tenga lugar este proceso será máxima en el centro galáctico, es decir, allí donde las estrellas alcanzan una mayor aglomeración y donde este efecto de «fichas de dominó» * que viene a ser la formación de supernovas puede progresar a una velocidad máxima (recordemos que la radiación tarda cierto tiempo en atravesar el espacio que separa a las estrellas).

Ahora bien, ni siquiera esta formación múltiple de supernovas es capaz de suministrar suficiente energía, pues para proporcionar la cantidad total de energía de microondas emitida, por ejemplo, por una radiofuente gigante como Cygnus A sería necesario todo el hidrógeno contenido en diez mil millones de estrellas como el Sol, y ello suponiendo que la energía de la fusión del hidrógeno se convirtiera en microondas con un rendimiento del 100%. Una catástrofe de este tipo tendría que afectar a la casi totalidad de las estrellas del núcleo de una galaxia de tamaño medio.

* El autor se refiere al antiguo entretenimiento de colocar en hilera las fichas de un dominó y empujar la primera para provocar la caída en cadena de todas las demás. (*N. del T.*)

Esta matanza masiva de estrellas constituye un modo más bien drástico de salir del paso. ¿No existirá alguna otra explicación que resulte más económica en lo que toca a las estrellas?

Supongamos, por ejemplo, que el proceso que en realidad tiene lugar es la interacción de materia y antimateria (véase pág. 346). La aniquilación de materia-antimateria convierte *toda* la materia de partida en energía, y no sólo un 1% como ocurre en el caso de la fusión nuclear. Si se admite esta hipótesis no harían falta ya diez mil millones de supernovas para proporcionar la energía de Cygnus A, sino sólo cien millones de estrellas (la mitad de materia y la otra mitad de antimateria) en aniquilación mutua.

Y sin embargo, esta idea tampoco resulta plenamente satisfactoria, pues no existe ninguna prueba directa de la existencia de antimateria en cantidades gigantescas. La presencia de antimateria en grandes masas podría proporcionar una explicación de ese chorro que se observó en M87, que no sería sino la consecuencia de la invasión de una cuña de antimateria procedente del exterior de la galaxia (o de la invasión de cierta cantidad de materia, caso de que M87 fuese antimateria). ¿Pero cómo explicar la aparición de fuentes de radio a ambos lados de una galaxia? Una invasión simultánea y simétrica de nubes de antimateria desde ambos lados de la galaxia se nos antoja un hecho demasiado improbable. Y si suponemos que el proceso de aniquilación se produjo en el centro y que las dos nubes situadas a ambos lados fueron el resultado de la explosión, habría que preguntarse cómo es posible que la antimateria penetrara hasta el centro de la galaxia sin haber aniquilado antes la materia de los bordes.

Fred Hoyle ha señalado que quizá haya que buscar la solución en la energía gravitatoria. Partiendo de una masa suficientemente grande y postulando un colapso suficientemente violento es posible explicar la producción de cantidades ingentes de energía. En efecto, la cantidad de energía originada de este modo por unidad de masa puede llegar a ser cien veces superior a la que proporciona la fusión nuclear ordinaria y, por consiguiente, del mismo orden que la que se obtendría mediante la aniquilación de materia y antimateria.

Nada se opone a que imaginemos el núcleo galáctico tan repleto de estrellas que el campo gravitatorio mutuo sea suficientemente intenso para contrarrestar la acción de todos aquellos factores que tienden a mantenerlas separadas. El proceso sería el siguiente: cierto número de estrellas comienzan a acercarse entre sí; como consecuencia de ello se intensifica el campo gravitatorio, arrastrando otras estrellas hacia el vórtice, hasta que en último término la masa de unos cien millones de estrellas, formando una única superestrella, se funde en una gigantesca estrella de neutrones. La energía producida de este modo bastaría para explicar la existencia de Cygnus A.

La ventaja que tiene la teoría gravitatoria sobre la teoría de la materia-antimateria es que no exige la intervención de colisión alguna. Una galaxia de materia (o para el caso, de antimateria) bastaría por sí sola para explicar cualquier fenómeno.

Ahora bien, ¿quién nos dice que la explicación de todo esto resida únicamente en hechos conocidos? Hace un siglo, Helmholtz trató de explicar la enorme producción de energía del Sol por medio de las fuerzas conocidas en aquellos tiempos y se vio obligado a postular un sistema solar demasiado efímero. Y es que la radiación del Sol y otras estrellas no podía admitir una explicación verdaderamente elegante hasta que se descubrió una nueva clase de energía: la nuclear. Así pues, algunos astrónomos no pueden por menos que preguntarse si esa producción aún más ingente de ciertas fuentes de radio tal vez indique tipos de energía hoy por hoy desconocidos.

Sea cual fuere el origen de la feroz energía que emiten algunas radiofuentes, lo cierto es que su simple existencia encierra, en potencia, una gran utilidad para aquellos que se interesan por los problemas de cosmología y cosmogonía.

Hacia mediados de la década de 1950-59, las galaxias ordinarias más distantes que podían verse con ayuda de los telescopios ópticos se hallaban de nosotros a unos dos mil millones de años-luz. Esta distancia, que equivale aproximadamente a una sexta parte de la distancia del borde del Universo observable, no basta del todo para dictaminar con claridad si el Universo es hiperbólico, pulsante o en estado estacionario (véase pág. 302).

En este sentido el método de microondas promete alcanzar distancias mayores. Y ello se debe a que las fuentes de luz son casi infinitas, mientras que las de microondas son pocas. Dentro de nuestra Galaxia son miles de millones las estrellas que se agolpan en el telescopio, pero sólo cientos las fuentes de radio. Fuera de la Galaxia existen miles de millones de galaxias ordinarias, pero las radiogalaxias se cuentan sólo por millares. Lo cual no significa otra cosa que las fuentes de microondas, a pesar de su lejanía, no es probable que se pierdan en medio de la aglomeración de fuentes vecinas, con lo cual resultan mucho más fáciles de detectar y estudiar que los objetos ópticos que se encuentran a la misma distancia.

Así, Cygnus A, que se halla situada a 700.000.000 de años-luz de nosotros, tiene tan escasa competencia, por así decirlo, de otras radiofuentes cercanas que está clasificada como la segunda radioestrella (en cuanto a brillo) del cielo. Sólo Cassiopeia A la supera en intensidad. Por otra parte, los radiotelescopios terrestres son capaces de localizar una radiofuente de la intensidad de Cygnus A a distancias que superan con mucho el alcance de nuestros mejores telescopios ópticos. La emisión de microondas de Cygnus A se podría seguir detectando de un modo claro a una distancia a la cual la luz de la fuente se habría reducido a un débil centelleo apenas perceptible. Minkowski localizó, por ejemplo, en 1959 una radiofuente cuyo corrimiento al rojo indicada una distancia de 4,5 mil millones de años-luz, distancia que supera con creces la de cualquier objeto ópticamente visible conocido en aquellos tiempos. Quiere esto decir que la distribución de las radiofuentes muy lejanas podría ser de gran utilidad a la hora de elegir un modelo particular del Universo, precisamente en unas condiciones en que la distribución de las galaxias ordinarias (más cercanas, desde luego, pero sólo detectables por medios ópticos) no servirían de nada.

Como primera aproximación cabría suponer que en líneas generales las radiogalaxias más tenues son también las más distantes, lo mismo que Hubble se apoyó en la hipótesis de que las galaxias más débiles se hallaban más alejadas que las más brillantes (véase pág. 260). Haciendo uso de esta hipótesis, el astrónomo inglés Martin Ryle (n. 1918) intentó averiguar en qué forma aumentaba el número de radiofuentes a medida que disminuía su intensidad, como ya hiciera Herschel en su día con las estrellas (véase pág. 71).

Si la teoría del estado estacionario del Universo es correcta, entonces la distancia media entre las galaxias ha sido siempre la que es ahora. La radiación de las radiofuentes lejanas (que, por haber nacido hace muchos evos, representan un Universo mucho más joven que el que nos rodea) debería indicar que dichas radiofuentes no exhiben una concentración mayor que la que presentan las radiofuentes de las galaxias más próximas a nosotros. Y en ese caso, el número de radiofuentes debería aumentar, conforme disminuye la intensidad, de acuerdo con una fórmula determinada.

Herschel había comprobado que en el caso de las estrellas el aumento del número de éstas con la tenuidad era menor que el que predecía la fórmula, de lo cual dedujo que se trataba de una Galaxia finita. Ryle se encontró ante el caso opuesto: la rapidez con que el número de radiofuentes aumentaba con la tenuidad era mayor que la que indicaba la fórmula. Todo ocurría como si la fuentes se hallaran más concentradas en las lejanías que en nuestra propia vecindad.

Ryle publicó estos resultados a mediados de la década de 1950-59 y sus análisis parecían apoyar la teoría del «big bang», señalando en dirección a un Universo hiperbólico o pulsante. Pues inmediatamente después del «big bang», en plena juventud del Universo, las galaxias —y por tanto también las radiogalaxias— se hallaban menos espaciadas entre sí. Esto significa que en los lejanos confines del espacio, donde la radiación que hoy llega hasta nosotros fue producida en la juventud del Universo, las radiofuentes son más numerosas que en nuestro entorno.

En su tiempo, los datos de Ryle parecían estar incluso de acuerdo con la teoría de la colisión de las galaxias. En efecto, si antaño (lo cual, en este caso, es tanto como decir: si a distancias remotas) las galaxias se encontraban más próximas unas de otras, es lógico esperar que el número de colisiones fuese mayor y las radiogalaxias más numerosas.

El ocaso de la teoría de las galaxias en colisión no va, sin embargo, en detrimento de la idea de Ryle, suponiendo, claro está, que sus datos sean válidos. Pues muy bien pudiera ser que los núcleos en explosión constituyan un rasgo característico de la juventud de una galaxia, es decir, que sea más probable que una galaxia experimente la catástrofe en su primer evo de vida que en el segundo, más probable en el segundo evo que en el tercero, etc. En ese caso es de esperar que las explosiones fuesen más numerosas en la juventud del Universo (léase: en los confines más lejanos a que pueden llegar nuestros radiotelescopios) que en el Universo actual que nos circunda.

Pero, de hecho, no hace falta buscar una explicación para esta diferencia, pues la mera existencia de ésta es ya suficiente. Desde el momento en que existe una diferencia de carácter general entre el Universo que nos rodea y el Universo próximo al borde, queda eliminada la teoría del estado estacionario, pues la esencia de ésta consiste en suponer que no existe *ninguna* diferencia importante a lo largo del tiempo y del espacio.

Naturalmente, los datos de Ryle no son, ni mucho menos incuestionables, porque basándose como se basan en la detección y medida de radiofuentes sumamente débiles, su precisión y fiabilidad sólo podrán ser limitados. Hoyle, por ejemplo, se aferró tenazmente a la teoría del estado estacionario a pesar de los hallazgos de Ryle, afirmando que los datos referentes a las microondas no eran todavía lo bastante sólidos como para poder tomar la decisión final.

Pero entonces, y cuando nadie lo esperaba, llegó un fenómeno que vino a ampliar el radio de acción de los astrónomos de una forma mucho más drástica que antes lo hicieran las lejanas radiofuentes de Ryle. Además, dicho fenómeno supuso una vuelta a la porción óptica del espectro, la cual, *ceteris paribus,* ofrecía la posibilidad de observaciones más precisas.

Quásars

Como dijimos en una ocasión anterior, muchas de las radiofuentes habían sido identificadas, ya en 1948, como fuentes puntuales que tenían su origen en áreas muy reducidas del cielo. El diámetro medio de tales radiofuentes es de unos 30 segundos de arco, o expresándolo de un modo más gráfico, todas las «radioestrellas» cabrían holgadamente dentro de un área no muy superior a la mitad de la Luna llena.

Y sin embargo, existen unas cuantas radiofuentes cuyo tamaño resulta pequeño aun midiéndolo con esos patrones de medida. Conforme se fueron perfeccionando los métodos de localización de fuentes se vio que, al parecer, algunas no superaban un segundo de arco de diámetro. El objeto en cuestión tenía que ser en extremo compacto, e inmediatamente despertó la sospecha de que si las «radioestrellas» comunes eran en realidad radiogalaxias, las «radioestrellas» compactas debían ser literalmente radioestrellas, pues de este modo quedaría explicada su compacidad.

Entre las radiofuentes compactas figuraban varias conocidas con los nombres de 3C48, 3C147, 3C196, 3C273 y 3C286. El prefijo «3C» es una abreviatura de «Tercer Catálogo de Cambridge de Radioestrellas», una lista confeccionada por Ryle y su grupo de seguidores; los restantes números representan el lugar que ocupa la fuente en dicho catálogo.

Con ayuda del telescopio de 200 pulgadas, Sandage escudriñó en 1960 las zonas en que se hallaban estas radiofuentes compactas, comprobando que en todos los casos la fuente parecía ser una estrella; la primera que detectó fue 3C48. En el caso de 3C273, el objeto más brillante de esta especie, fue Cyril Hazard, en Australia, quien consiguió determinar su posición exacta, registrando el momento preciso en que la Luna ocultó a dicha fuente. Las estrellas pertenecientes a esta zona habían sido registradas ya en anteriores estudios fotográficos del cielo, pero siempre se las había clasificado como simples miembros, muy tenues, de nuestra Galaxia. Mas ahora, apoyándose en estudios fotográficos sumamente minuciosos, como correspondía al interés inusitado que habían despertado las emisiones de microondas, los astrónomos comprobaron que ahí *no* se acababa la historia. Algunos (aunque no todos) de los objetos iban acompañados de tenues nebulosidades, y 3C273 mostraba signos de un chorro diminuto de materia que emergía de él. En efecto, con 3C273 están asociadas dos radiofuentes: una procedente de la estrella y otra procedente del chorro.

Aunque su aspecto recordaba al de una estrella, las radiofuentes compactas tal vez no fuesen ni mucho menos estrellas comunes. Por ello se dio en llamarlas «fuentes cuasi-estelares». A medida que este concepto fue adquiriendo importancia para los astrónomos, la expresión «radiofuentes cuasi-estelares» resultó cada vez más incómoda de emplear, por lo cual Hong-Yee Chiu ideó en 1964 la abreviatura de «quásar» («*quas*istell*ar*» en inglés), expresión nada eufónica, pero que, sin embargo, se encuentra ya firmemente afincada en la terminología astronómica.

Los quásars poseían naturalmente un interés suficiente para convertirse en objetos de investigación y merecer la aplicación de todas las técnicas astronómicas conocidas; y entre ellas figuraba la espectroscopia. Primero Sandage, y después Jesse L. Greenstein y Maarten Schmidt, comenzaron a trabajar en la tarea de obtener los correspondientes espectros; y cuando finalmente lograron coronar su labor en 1960, se encontraron ante una serie de líneas espectrales extrañas que no sabían identificar. Además, las líneas del espectro de un quásar determinado no coincidían con las de los demás. Aquello era sin duda desconcertante, pero a pesar de todo los quásars siguieron aceptándose como objetos pertenecientes a nuestra Galaxia.

En 1963 Schmidt volvió sobre el espectro de 3C273, que, como una magnitud de 12,8 es el quásar más brillante. De las seis líneas que se observaban en el espectro, cuatro estaban espaciadas de un modo análogo a cierta serie de líneas del hidrógeno, con la única salvedad de que dicha serie no debería encontrarse en el lugar en que de hecho aparecía. Ahora bien, ¿no podría ser que tales líneas estuvieran localizadas realmente en otro lugar, apareciendo, sin embargo, en el sitio en que aparecían como consecuencia de haber sufrido un desplazamiento hacia el extremo rojo del espectro? De ser así, tenía que tratarse de un desplazamiento enorme, pues a partir de él se deducía una velocidad de recesión de más de 40.000 kilómetros por segundo. Por muy increíble que pareciera esta hipótesis, lo cierto es que admitiendo dicho desplazamiento quedaban automáticamente identificadas las otras dos líneas: una de ellas representaba el oxígeno desprovisto de dos electrones, y la otra el magnesio desprovisto también de dos electrones.

Estudiando de nuevo los demás espectros de quásars, Schmidt y Greenstein comprobaron que las líneas que aparecían en ellos también podían ser identificadas, siempre que se trabajara sobre la base de enormes desvíos al rojo.

Estos enormes desvíos al rojo podrían ser producto de la expansión general del Universo; pero si a partir de dicho corrimiento se calculaba la distancia de acuerdo con la ley de Hubble (véase pág. 260), resultaba que los quásars no podían ser, en modo alguno, estrellas ordinarias de nuestra Galaxia, sino objetos extraordinariamente distantes, alejados de nosotros miles de millones de años-luz.

Este resultado era muy duro de aceptar, por lo cual se buscaron otras explicaciones para el desvío hacia el rojo. Se pensó, por ejemplo, que los quásars tal vez fuesen objetos muy masivos asociados con campos gravitatorios suficientemente intensos para producir desvíos al rojo de Einstein muy grandes (véase pág. 222). O que quizá se tratara de regiones de gas muy disperso cuya luminosidad fuese debida a la radiación dura emitida por las numerosas estrellas de neutrones contenidas en el interior de aquél; el gigantesco campo gravitatorio de estas estrellas se encargaría, por su parte, del desvío hacia el rojo. Existe un quásar, el 3C-273B (y se sospecha que no es el único) del cual se sabe, desde 1967, que emite rayos X (en una cantidad mil millones de veces superior a la emitida por la nebulosa del Cangrejo), y este hecho concuerda con la teoría de las múltiples estrellas de neutrones. En este sentido, Philip Morrison, del M. I. T., había especulado ya con la posibilidad de que los quásars fuesen gigantescas estrellas de neutrones; en ese caso, los quásars serían a una galaxia normal lo mismo que un pulsar a una estrella corriente.

Si todo esto fuera cierto, los quásars serían objetos relativamente cercanos. Pero más tarde se demostró que a la posibilidad de que el corrimiento hacia el rojo estuviera originado por efectos gravitatorios podían hacerse fuertes objeciones de orden teórico. Fuera cual fuese la explicación, el desvío hacia el rojo parecía deberse a la velocidad.

Ahora bien, ¿no podría ser que los quásars se hallaran relativamente próximos a nosotros y que, a pesar de ello, hubiesen adquirido velocidades gigantescas debido no a la expansión del Universo, sino a alguna explosión en el centro de nuestra Galaxia, como por ejemplo la colisión de estrellas de neutrones?

Sin embargo, si esto fuese así, todos los quásars se alejarían del centro de la Galaxia, y entonces cabría esperar que algunos de ellos se moviesen hacia nosotros produciendo un gran corrimiento hacia el violeta, mientras que otros, hallándose a una distancia relativamente corta de nuestro sistema, exhibiesen un movimiento propio mensurable. Pero nada de esto se ha observado: hacia finales de los años sesenta se habían descubierto unos ciento cincuenta quásars; pues bien, absolutamente todos los espectros estudiados indicaban la presencia de un gran corrimiento hacia el rojo (mayor, de hecho, que el de 3C273), mientras que ninguno de ellos indicaba la presencia de un movimiento propio perceptible.

James Terrell, del observatorio de Los Alamos y uno de los astrónomos más destacados de entre aquellos que se niegan a atribuir una gran distancia a los quásars, señala, sin embargo, que este factor no es decisivo. Según él, si la explosión tuvo lugar hace mucho tiempo, todos los quásars que al principio se precipitaron en dirección hacia el Sol nos habrían pasado ya y estarían ahora alejándose. Y en la actualidad se hallarían tan distantes (aunque no «superdistantes») que el movimiento propio que podríamos observar desde la Tierra sería absolutamente inexistente. En 1968 Terrell afirmó haber detectado para 3C273 un movimiento propio que indicaría una distancia de sólo 400.000 años-luz.

Pero a favor de la teoría del gran alejamiento de los quásars también existe, cuando menos, una prueba directa e independiente del corrimiento hacia el rojo. La emisión de microondas de 3C273 es, al parecer, bastante deficiente en la región de los 21 centímetros, región que se halla ocupada por una línea de absorción. Esta línea de absorción muestra un corrimiento hacia el rojo que indica que la nube de hidrógeno responsable (supuestamente) de la absorción tiene que hallarse a una distancia de cuarenta millones de años-luz. Y da la casualidad de que entre la Tierra y 3C273 existe un cúmulo de galaxias en la constelación de Virgo precisamente a cuarenta millones de años-luz. Parece razonable suponer que en dicho cúmulo existe una nube de hidrógeno que provoca la absorción en la zona de los 21 centímetros. En ese caso, el quásar 3C273, estando como está más allá del cúmulo de Virgo, no podría ser desde luego un miembro de nuestra Galaxia. Y si se halla más allá del cúmulo de Virgo, entonces parece imposible afirmar que dicho quásar no se halla tan lejos como indica su corrimiento hacia el rojo. Dando un paso más en el razonamiento podríamos decir que si un quásar se encuentra muy alejado y su desvío hacia el rojo representa esta enorme distancia, entonces resulta difícil sostener que esos desvíos hacia el rojo aún mayores que exhíben los demás quásars son atribuibles a factores distintos de la distancia.

Si interpretamos el fenómeno del desvío hacia el rojo en la forma tradicional, llegamos a la conclusión de que la mayor parte de los quásars descubiertos recientemente se hallan más alejados que los de la primera hornada. En 1967 Bolton descubrió que el desvío hacia el rojo del quásar PKS 02-37-23 representaba una velocidad de recesión de un 82,4% de la velocidad de la luz (es decir, unos 25.740 kilómetros por segundo). De acuerdo con Sandage, tales objetos tienen que hallarse a casi nueve mil millones de años-luz de distancia, de modo que la luz que recibimos nosotros ahora fue emitida hace unos 9 evos.

Y sin embargo, el hecho de atribuir distancias gigantescas a los quásars no hace sino sumir a los astrónomos en problemas aún más complejos y desconcertantes. Y es que si estos objetos son tan increíblemente lejanos como parece deducirse de sus corrimientos hacia el rojo, entonces tienen que ser en extremo luminosos para poder brillar como lo hacen. Pero al parecer, no sólo emiten cantidades gigantescas de microondas, sino también luz visible a raudales. Los quasars son entre treinta y cien veces más luminosos que una galaxia común. Por otro lado, es muy posible que constituyan la fuente de una fracción apreciable de la producción de rayos cósmicos ultraenergéticos del Universo.

Pero si esto fuese cierto, es decir, si los quásars poseyeran la forma y el aspecto de una galaxia, deberían contener un número de estrellas cien veces superior al de una galaxia común y sus dimensiones deberían ser de cinco a seis veces superiores a las de esta última. Incluso a las descomunales distancias a que se encuentran, los quásars deberían aparecer en el telescopio de 200 pulgadas como manchas ovales de luz perfectamente distinguibles. El hecho de que se manifiesten como simples puntos luminosos parecía indicar que, a pesar de su extraordinario brillo, tenía que tratarse de objetos mucho más pequeños que una galaxia ordinaria.

Esta teoría de que el tamaño de los quásars era más bien reducido se vio respaldada por otro fenómeno: desde 1963 se había venido observando que la energía emitida por estos cuerpos, tanto en la región visible como en la de microondas, era variable, con aumentos y disminuciones de hasta 3 magnitudes en el intervalo de unos cuantos años.

Para que la radiación varíe tanto en tan poco tiempo es preciso que el cuerpo sea pequeño. La razón es la siguiente: una variación pequeña puede ser consecuencia de un abrillantamiento o debilitamiento en zonas limitadas de un cuerpo; pero una variación importante tiene que derivarse forzosamente de algún proceso que afecte al cuerpo entero. Y si el proceso afecta al cuerpo en su totalidad, entonces tiene que existir algún efecto que se manifieste a lo largo y a lo ancho del objeto dentro del tiempo que dure la variación. Pero, comoquiera que ningún efecto puede viajar a una velocidad superior a la de la luz, los quásars, al variar de un modo marcado en el lapso de unos pocos años, no pueden tener un diámetro superior a un año-luz más o menos. (Algunos cálculos demuestran que los quásars no tienen un diámetro mayor que una semana-luz.)

Esta combinación de un volumen diminuto con una gran luminosidad plantea a los astrónomos problemas de tan difícil resolución que, por lo general, se observa cierta tendencia a encontrar algún modo de aceptar los quásars como objetos cercanos, pues en ese caso (que es la tesis de Terrell) no necesitarían una luminosidad excesiva para brillar del modo que lo hacen: no serían más brillantes de lo que cabría esperar de un cuerpo de un año-luz de diámetro. Si, por el contrario, suponemos que la distancia de los quásars es realmente gigantesca, entonces nos encontramos enfrentados con el problema de un objeto que teniendo sólo un año-luz de diámetro, es cien veces más luminoso que una galaxia común, cuyo diámetro alcanza los cien mil años-luz. ¿Cómo se puede explicar esto?

Varias son las posibilidades que se han sugerido. Una de ellas es la de la «lente gravitatoria». La hipótesis de partida es que una galaxia se interponga justamente entre la Tierra y otra galaxia. La luz emitida por la galaxia más lejana se curvaría alrededor de la cercana en virtud de los efectos gravitatorios, concentrándose luego de nuevo en nuestra dirección. El efecto final sería análogo al de la lente de un telescopio: el brillo aparente de la galaxia más lejana se vería aumentado hasta el punto de que ambas galaxias se nos antojarían como un quásar superluminoso.

Otra posibilidad, que acaso tenga más probabilidades de ser cierta que la anterior, es que se trate de algún tipo de implosión, alguna catástrofe que a escala galáctica represente lo que las supernovas a escala estelar. Pudiera ser que al nivel galáctico la explosión de una galaxia ordinaria sea una especie de «nova» que radia gran cantidad de energía, pero en la cual se conserva la sustancia y la forma de galaxia, mientras que aquellas catástrofes de características particularmente drásticas sean algo así como «supernovas», en el sentido de que gran parte de la materia galáctica sale despedida hacia el exterior, contrayéndose el resto en un quásar. (Y en efecto, la luz procedente de los quásars es análoga en algunos aspectos a la de las enanas blancas.)

En ese caso, los quásars serían el equivalente galáctico de las estrellas de neutrones (tal y como sugiere Morrison), aun cuando el corrimiento hacia el rojo seguiría siendo una consecuencia de la velocidad y no de su campo gravitatorio.

Lo que sí es seguro es que si la interpretación correcta de los quásars es alguna de las anteriores, tales objetos tienen que ser muy efímeros, pues es imposible que puedan radiar tales cantidades de energía durante mucho tiempo. Existen cálculos que indican que un quásar no puede subsistir como tal durante más de un millón de años, aproximadamente. Los quásars que observamos en la actualidad debieron de formarse hace relativamente poco tiempo (a escala cósmica), y necesariamente tienen que existir una serie de objetos que en su día fueron quásars pero que dejaron ya de serlo.

Sandage anunció en 1965 el descubrimiento de ciertos objetos que efectivamente pudieran ser antiguos quásars, pues a pesar de que su aspecto recordaba al de las estrellas azuladas ordinarias, poseían corrimientos hacia el rojo descomunales, como los quásars. Y aunque no emitían ninguna clase de microondas, su distancia, luminosidad y tamaño coincidían con los de aquéllos. Sandage los denominó *blue stellar objects* (objetos estelares azules), cuya abreviatura es BSO.

Al parecer, los BSO son más numerosos que los quásars. Ciertos cálculos efectuados en 1967 sitúan en 100.000 el número total de BSO que se hallan al alcance de nuestros telescopios. Si es cierto que tales objetos se derivan de los quásars, entonces su número tiene que ser unas cincuenta veces superior al de éstos, porque la duración de la fase BSO es también cincuenta veces superior (digamos 50.000.000 de años). Los quásars aún más viejos, es decir aquellos que ya han dejado tras sí la etapa BSO, se irán apagando hasta llegar un momento en que no puedan ser detectados ni por la emisión de microondas ni por la luz. En la actualidad se ignora todavía cuál es la forma que adoptan entonces y de qué modo podría reconocérselos.

La simple existencia de los quásars y de los BSO ha supuesto un duro golpe para la teoría del estado estacionario. Pues si todos ellos se encuentran a grandes distancias y, por consiguiente, se formaron muchos evos atrás, y si en nuestra proximidad inmediata no se ha podido detectar ningún objeto de este tipo, parece lógico pensar que los procesos (sean cuales fueren) que dieron lugar a aquéllos no se encuentran ya en vigor (aunque es cierto que en nuestras proximidades quizá existan restos de lo que en un pasado muy lejano fueron quásars y que hasta ahora no hayamos sido capaces de detectarlos). Esto, a su vez, significa que evos atrás el Universo difería del de ahora en aspectos importantes.

Si el «big bang» se produjo hace unos 15 evos, entonces lo anterior tiene perfecto sentido, pues en aquellos tiempos el Universo era más pequeño, más caliente, más joven y más repleto de objetos que hoy, con lo cual no es de extrañar que los sucesos catastróficos del tipo de la formación de quásars estuvieran a la orden del día, mientras que en el Universo actual, de mayor tamaño, más frío, más viejo y más vacío que el de antaño, esas hecatombes ya no ocurren.

En contra de esta teoría está el hecho de que, a pesar de todo, la década de los sesenta no ha logrado demostrar de un modo indiscutible que los quásars son cuerpos extremadamente distantes, ni ha conseguido acabar con la idea de que tal vez se trate de objetos situados a distancias moderadas. Por otra parte, los quásars no parecen ya antes tan únicos como se creía al principio.

En 1943 Carl Seyfert —por entonces un estudiante de astronomía recién licenciado— había detectado una galaxia de características peculiares que desde aquellos años se sabe forma parte de un grupo conocido hoy con el nombre de «galaxias de Seyfert». Aunque a finales de la década de 1960-69 sólo se tenía noticia de unos doce ejemplares de ellas, es posible que constituyan un 1% de todas las galaxias conocidas.

Las galaxias de Seyfert son normales en casi todos los aspectos y sus desvíos al rojo no pasan de ser moderados. Los núcleos, sin embargo, son muy compactos, muy brillantes y parecen en extremo calientes y activos, es decir, de características similares a los quásars. Las variaciones que se observan en su radiación parecen indicar que el tamaño de los centros radioemisores emplazados en los núcleos de dichas galaxias no es mayor que el que por lo general se atribuye a los quásars.

Dada su intensa actividad, estos núcleos galácticos resultarían visibles a distancias mucho mayores que las capas exteriores de las galaxias de Seyfert. Quiere decirse que a una distancia suficientemente grande lo único que veríamos de una galaxia de este tipo —ya fuese con el telescopio óptico o con el radiotelescopio— sería el núcleo, por lo cual los astrónomos lo catalogarían como un quásar. Así pues, es posible que los quásars muy distantes no sean otra cosa que galaxias de Seyfert de gran tamaño. En ese caso, es probable que los quasars se formen relativamente cerca de nosotros, o lo que es lo mismo, que constituyan un fenómeno no exclusivo de las grandes distancias y, por consiguiente, no tan indicativo de que miles de millones de años atrás el Universo era muy distinto del de ahora.

Ahora bien, si los quásars han perdido algo de su fuerza como apoyos de la teoría del «big bang», lo cierto es que este apoyo ha sido asumido por otro tipo de observación, y además de una forma espectacular. Veamos cómo.

Si es cierto que el Universo comenzó con un «big bang», esta explosión tuvo que emitir una oleada ingente de radiación sumamente energética: rayos X y rayos gamma. Escarbando entonces en los confines remotos del espacio, a miles de millones de años-luz de distancia, lo que haríamos no sería otra cosa que retroceder miles de millones de años en el tiempo, con lo cual estaríamos en condiciones de «ver» ese balón de fuego.

Fue Robert H. Dicke, de la Universidad de Princeton, quien concibió esta idea en 1964, afirmando además que a la distancia a que se detectaría el balón de fuego, el corrimiento hacia el rojo sería tan gigantesco que los rayos X y los rayos gamma se hallarían desplazados hasta la región de las microondas. Así pues, según Dicke, en cualquier dirección que se enfocara el radiotelescopio debería detectarse un fondo general de radiación de microondas, radiación cuyas características él calculó, trabajando siempre sobre la hipótesis del «big bang».

La búsqueda en pos de la radiación de fondo comenzó al punto, y en 1965 A. A. Penzias y R. W. Wilson, de los Bell Telephone Laboratories, afirmaron que tras eliminar convenientemente el efecto de todas las emisiones de microondas, quedaba todavía un fondo general muy débil de radiación. El hombre había escuchado el eco del «big bang» resonando todavía por el espacio.

Ahora bien, la naturaleza de la radiación detectada parece indicar que su temperatura actual es de 3° K., o tres grados sobre el cero absoluto, y no de 10° K, que es lo que predijo Dicke. Esta discrepancia demuestra, al parecer, que la temperatura original del «big bang» era inferior a lo que los teóricos habían estimado como más probable, lo cual, a su vez, podría significar que en el momento de su nacimiento el Universo no estaba compuesto exclusivamente de hidrógeno, sino que contenía una mezcla considerable de helio.

Y así, tal como prometimos al principio del libro, hemos seguido paso a paso la búsqueda del hombre en pos de ese horizonte cada vez más lejano. Comenzamos con la visión limitadísima de un trozo de Tierra plana y terminamos en un punto en que el hombre tiene ante sus ojos un Universo de 26.000.000.000 de años-luz de diámetro.

Pero tampoco hay razón para pensar que hemos topado con los últimos confines del Universo. Durante cuatro siglos la astronomía ha ido progresando a un ritmo cada vez más acelerado, y, hoy por hoy, no hay indicio alguno de que esta tendencia se vaya a quebrar. A lo largo de la última generación el hombre ha aprendido acerca del Universo mucho más que durante toda su historia anterior. ¿Qué no descubrirá, entonces, la siguiente generación?

Si convenimos en que escarbar en lo desconocido y arrojar luz sobre lo que antes era oscuro constituye un juego sumamente intrigante, entonces es seguro que el futuro nos deparará cada vez más intrigas.

Notas

Capítulo 11

[1] Si, por alguna razón, la estrella no consigue desprenderse de suficiente masa para que el resto quede por debajo del límite, existen todavía otras posibilidades que discutiremos más adelante (véase pág. 340).

Capítulo 13

[1] Naturalmente, la Tierra no es *exactamente* esférica, por lo cual sus propiedades (la intensidad gravitatoria, por ejemplo) varían ligeramente de un punto a otro de la superficie.

[2] El satírico Tom Lehrer ha escrito una canción muy divertida cuyo título es «Lobachevski». Quienes hayan oído y disfrutado de la canción quizá piensen que me confundo, pero lo cierto es que Lehrer utilizó el nombre del gran matemático.

[3] Hay casos especiales en que esto no ocurre, como, por ejemplo, cuando el primer objeto es una esfera hueca y el segundo se halla dentro de ella. Pero estos casos especiales no son importantes desde el punto de vista astronómico.

Capítulo 15

[1] Se dice que Gamow eligió a estos dos colegas con cierto humor malicioso, pues los nombres de Alpher, Bethe y Gamow recuerdan a las tres primeras letras del alfabeto griego: alfa, beta y gamma. Por ello, esta teoría se denomina también a veces la «teoría α, β, γ».

Capítulo 16

[1] Esto en el caso de que se desplace en el vacío. Cuando la luz viaja a través de un medio transparente distinto del vacío —tal como el aire, agua o vidrio— su velocidad es menor, y en ocasiones mucho menor. Sin embargo, es imposible (cualesquiera que sean las circunstancias) conseguir reducir un fotón al estado de reposo absoluto sin que sea absorbido. Es más, en el momento en que el fotón pasa de un medio transparente al vacío, su velocidad se convierte de nuevo en 300.000 km. por segundo.

[2] Por otro lado, una partícula que posea masa, por muy pequeña que sea ésta, nunca podrá viajar a la velocidad de la luz. Podrá acercarse a ella mucho, pero nunca llegará a alcanzarla.

[3] Se supone que la mayor parte de las estrellas poseen un campo magnético que desvía cualquier partícula de rayos cósmicos que pase cerca de ellas. Pero además se cree que la Galaxia posee también un débil campo magnético propio, que tal vez contribuya a mantener la existencia de los brazos de las galaxias espirales.

Capítulo 17

[1] En 1964 se descubrió otra de las propiedades notables de la nebulosa del Cangrejo. Las mediciones que, desde globos, se hicieron aquel año en torno a la radiación de rayos cósmicos, arrojaron valores más altos cuando la nebulosa del Cangrejo se encontraba a la vista de los detectores que en el caso contrario. Suponiendo que no se trata de una coincidencia, podemos decir que, aparte del Sol, dicha nebulosa es la única fuente específica de rayos cósmicos que se conoce.

[2] En ocasiones se ha observado el impacto de un meteorito sin que en el lugar de incidencia aparezca una cantidad apreciable de materia meteórica. Esto ha inducido a pensar que tal vez se trate de meteoritos compuestos de antimateria.

Indice

11. Explosiones estelares.
    Enanas blancas 3
    Supernovas 12
    Estrellas moribundas 19
    Estrellas de la segunda generación 25

12. Evolución galáctica.
    La cuestión de la eternidad 29
    Clases de galaxias 33
    Poblaciones estelares 36

13. La recesión de las galaxias.
    El desvío hacia el rojo de las galaxias 44
    Relatividad 49
    Cúmulos de galaxias 55

14. El Universo observable.
    De nuevo la paradoja de Olbers 60
    La constante de Hubble 65
    Revisión de la escala Cefeida 68

15. El origen del Universo.
El «Big Bang» 76
La formación de los elementos 83
Antes del «big bang» 88
Creación continua 93

16. Bombardeo de partículas.
Partículas sin masa 104
Rayos cósmicos 111
Fuentes de rayos cósmicos 115

17. Fotones energéticos.
El espectro electromagnético 122
Estrellas de rayos X 126
Antimateria 134

18. Radioastronomía.
El Sol 143
Los planetas 146
Las estrellas 153
La Galaxia 158
Púlsars 165

19. El borde del Universo.
Galaxias en colisión 172
Galaxias en explosión 177
Las radiofuentes lejanas 185
Quásars 191

Notas 203